나의 캠핑 놀이

나의 캠핑 놀이

초판 1쇄 2020년 12월 7일

지은이 | 문나래
발행인 | 이상언
제작총괄 | 이정아
편집장 | 손혜린
책임편집 | 강은주
디자인 | 렐리시Relish

발행처 | 중앙일보플러스(주)
주소 | (04517) 서울시 중구 서소문로 100(서소문동)
등록 | 2008년 1월 25일 제2014-000178호
판매 | 1588-0950
제작 | (02) 2031-1125
홈페이지 | jbooks.joins.com
네이버 포스트 | post.naver.com/joongangbooks

ISBN 978-89-278-1183-1 14980
세트 ISBN 978-89-278-1181-7 14980

중앙북스는 중앙일보플러스(주)의 단행본 출판 브랜드입니다.

나의 캠핑 생활 제2권

나의 캠핑 놀이

글 문나래 | 그림 렐리시

중앙books

들어가며

'캠핑을 왜 하는가'의 본질적인 물음

예전엔 사람들과 함께하는 시간을 즐겼다. 사람들이 모여 각자 텐트를 치고 큰 셸터shelter를 마련해 그곳에서 밤새 술을 곁들여 수다를 떨다, 피곤에 지치면 각자의 텐트로 돌아가 곯아떨어지는, 왁자지껄한 캠핑 문화를 좋아했다. 그곳엔 늘 풍성한 음식과 자연에 어울리는 음악, 논쟁에 가까운 밀도 높은 대화가 존재했다.

지금은 조금 다르다. 여전히 그런 북적이는 분위기를 좋아하지만 그런 텐트는 내 텐트가 아닌 옆집 텐트, 혹은 옆의 옆집 텐트, 그러니까 내 텐트 주변의 어떤 텐트였으면 좋겠다. 나는 머리맡 너머로 들려오는 그 소란스러움을 즐기며 고요한 내 텐트에서 그들의 삶을 상상할 것이다. 대화 내용은 중요하지 않다. 음악이 내 취향이 아니더라도 상관없다. 우리는 모두 이 캠핑장에 다른 지붕을 가지고 모여 있다. 제각기 다른 삶들이, 한곳에 모여 저마다의 휴식을 취하고자 한다.

'캠핑'을 정의 내리고자 하는 시도는 불필요할 것이다. 자신이 좋아하는 캠핑의 방법, 무의식적으로 하는 캠프에서의 행동들, 나처럼 시간이 지난 뒤 발견한 또 다른 캠핑 취향. 그 모든 것이 곧 캠핑이다. 캠프에서조차 나의 행동을 옳고 그름으로 판단하고 남과 비교하며 피곤함을 배가시키는 행위를 하지 않길 바란다. 이곳에서만큼은 마치 옷을 전부 벗고 몸을 담그는 목욕탕에서처럼 나를 이완시키고 싶다. 지금 내게 캠핑은 그러한 용도와 가치를 지닌다.

캠핑의 방법은 많지만, 내 경우 크게 두 가지 방식으로 나눌 수 있겠다. 백패킹과 오토캠핑. 입고(의), 먹고(식), 잠자는(주) 데에 필요한 짐을 배낭에 싣는다면 백패킹, 자동차에 싣는다면 오토캠핑이다. 휴양학에서의 '생애 주기에 따른 여가 활동'에 따르면 대체로 20대에는 에너지 소비가 많은 격렬한 활동에 참여하고, 30대가 되면 활동의 빈도가 줄어 야영으로 대체하는 경향이 드러난다. 나 또한 크게 다르지 않아서, 30대가 되니 자연스레 오토캠핑을 하는 날이 늘어났다. 그렇다고 걷기를 게을리한 것은 아니다. 캠핑장의 텐트를 베이스캠프 삼아 늘 크고 작은 산과 지역의 트레일을 걷고 다시 돌아오기를 반복한다.

백패킹이든 오토캠핑이든 불편함에 돈과 시간을 들인다는 점에서는 서로 같다. 우리는 왜 불편함에 중독되는 걸까? 문득 어느 봄날의 캠핑장을 떠올린다. 느티나무 아래에서 야전침대를 깔고 누워 따스한 햇살과 선선한 바람을 맞으며 하늘을 올려다보다, 인간의 원인인 유인원을 생각했던 순간. 불과 1만 년이다. 인간이 숲에서 떨어져 나온 시간 말이다. 네안데르탈인도, 호모 사피엔스도 같은 하늘, 나무 아래에서 바람을 맞으며 누워 있었겠지. 그런 생각에 닿자, 숲에서 뒹구는 일이 자연스럽게 느껴지는 한편 도시의 책상에 앉아 있는 건 불편하고 인위적인 일이 아닐까 하는 공상이 스며든다.

길을 걸으며 온몸이 땀으로 흥건하게 젖어 눈앞이 아찔해지는 순간이 좋다. 비가 쏟아져 입은 레인재킷 안에서 내 숨소리만이 가득히 울리는 시간은 숭고하다. 그렇게 입에 단내가 나도록 걷다가, 해 질 무렵 터를 잡고 텐트를 쳐 아늑한 잠자리를 만드는 행위. 혹은 일주일 동안 사무실에서 온갖 스트레스로 시달리다가 주말에 예약한 캠핑장에서 아끼는 테이블과 조리도구를 풀어놓고 뜨끈한 요리를 만드는 행위. 온수가 콸콸 나오는 캠핑장에서 샤워를 마치고 나와 캄캄한 밤하늘에 뜬 별들을 올려다보는 행위. 불편한 야영 생활이지만, 짧은 순간의 이토록 달콤한 '이완'을 누릴 수 있기에 우리는 다음 주에도, 또 다음 달에도 짐을 싸게 된다.

목차

제2장 머무르자 • 캠프에서

1

나가자

텐트 밖으로

묵묵히 버티는 일

대지는 우리 자신에 대해 세상의 모든 책들보다 더 많은 것을 가르쳐준다. 이는 대지가 우리에게 저항하기 때문이다.

-《인간의 대지》, 생텍쥐페리

모든 것은 여기에서 시작되었다.

우편 비행 조종사이자 작가였던 앙투안 드 생텍쥐페리가 그의 산문집《인간의 대지》에서 자신을 '비행의 영역에서 살아간다'고 말했듯, 나는 스스로를 '길의 영역에서 살아간다'고 생각하곤 했다. 나는 이 산문집을 비가 오나 눈이 오나 늘 배낭에 넣고 다녔다. 그런 이유로 '펭귄 클래식 코리아'에서 발간한 책의 노란 표지는 새하얘졌고 내부는 몇 번이고 젖었다 마른 모양새로 너덜너덜해졌다. 나는 그가 하늘에서 바라본, 혹은 그의 마음속에서 빛나고 있는 수천 개의 별빛을 사랑했고, 별의 개수만큼 존재하는 대지의 생애, 황량한 사막에서부터 한겨울 구름 아래 솟은 안데스 산맥의 7,000m 고봉들, 해가 질 무렵 비로소 하나둘 피어나는 평야의 불빛, 그리고 그 불빛을 두고 손 모아 기도하는 사람과 수많은 온기 어린 식탁들까지. 그 모든 기적을 사랑했고, 온몸으로 끌어안고 싶었다.

나는 걸었다. 그러나 생텍쥐페리가 안개와 구름 속에

서 방위를 잃고 착륙할 비행장을 찾지 못해 불안해 했듯, 나 역시 생의 방위를 찾는 길이 녹록지 않았다. 아마 죽을 때까지 내가 지닌 나침반이 정상인지 비정상인지 확인할 방도는 없을 것이다. 그래서 본능적으로 두 발로 길을 찾기 위해 무작정 걸은 건지도 모른다. 한때는 허무했고, 한때는 충만했다.

나는 산 전문가도 아니고, 길 전문가도 아니다. 다만 일념을 가지고 묵묵히 걷고 버티는 일을 잘한다. 그 덕에 이 글을 쓸 수 있는 자신감을 가진 듯도 하다. 북유럽 기행 에세이를 쓰고, 아웃도어 잡지를 만들며 많은 걸음을 했지만, 내 첫 걷기는 스물일곱 살의 설악산이라고 말하고 싶다. 그 이전의 산과 길이 무의미하다고는 할 수 없다. 다만 그 이후의 걸음엔 의식이 깃들어 있다. 오롯이 내면으로 침잠한 걷기, 육과 신이 분리돼 있지 않다는 것을 배우는 일. 한마디로 온전히 나를 책임지는 걷기. 아름다움, 공포, 그리고 죽음이 실은 하나라는 것을 두 눈으로 목도하게 되는, 지리멸렬하면서도 광기 어린 걷기. 그것이 곧 설악이었다.

설악산은 모질게 두 뺨을 갈겼다. 그건 살면서 한 번도 경험해보지 못한 매서움이었다. 산행을 계획한 날은 호우주의보가 온종일 내렸다. 그걸 알면서도 '일념'에 집착하는 고

집스러운 나였기에 스스로와의 약속을 이행하고 싶었다. 약 9시간의 당일 산행. 속초 설악산 소공원에서 시작해 천불동계곡을 통과하고, 소청대피소까지 갔다가 같은 길로 하산하는 일정이었다. 고백하자면 그날 나는 소청대피소에 이르지 못했다. 능선 구간에서 비가 너무 심하게 와서 암릉을 네 발로 기어도 도저히 갈 엄두가 나지 않았기 때문이다. 사실 능선은 계곡 구간에 비하면 그리 무서울 게 없었다. 천 개의 불상이 엉엉 우는 모양새 같다고 이름 지어진 천불동계곡은 통곡을 넘어 고함치며 괴성을 질렀다. 장장 9시간 동안 한두 명의 사람만 마주한 크고 깊은 산속에서, 나는 폭포처럼 울었고, 이끼처럼 떨었다.

네 입에서 죽고 싶다는 말이 이래도 나올 테냐, 꾸짖는 듯했다. 입만 열면 죽고 싶다고 말했던 시절이다. 실비아 플라스가 가스 오븐에 머리를 처박았듯, 매일 아침 화장실에서 거울을 볼 때마다 세면대에 머리를 박고 싶었다. 설악산은 그때 내 멱살을 잡은 것이다. 그래, 어디 한번 보아라, 죽음이 얼마나 가까이 있는지. 이게 날것의 혈이고, 차가운 죽음의 바위다. 이래도 죽음을 가까이 두고 싶니? 이렇게 해도? 이렇게까지 하는 데도?

아니, 안 죽고 싶어. 제발. 강릉으로 돌아오는 버스 안에서 이마를 붙잡고 울었다. 그리고 생각했다. '사흘은 앓을 것 같다.'

이후 국내의 크고 작은 산들을 찾았지만, 설악산만큼 나를 후들겨 팬 산은 없었다. 그동안 나는 많이 맞아선지 꽤나 근육이 터지고 정신도 맑아져 곧 누군가와 함께하고 싶은, 연결되고 싶은, 작지만 뜨거운 여력이 생기기 시작했다. 그 열망은 결국 닿아, 나는 아웃도어 브랜드 제로그램에서 매해 주최하는 세계 장거리 트레일 걷기 프로그램 '제로그램 클래식'의 2018년도 대원으로 선정되었으며, 8명의 동기들과 일본 북알프스 원정 산행을 가게 되었다.

이로써 또 다른 의식의 전환이 이루어졌다. 대원들을 돌아볼 체력과 자애가 필요했기 때문이다. 누가 시킨 것은 아니지만, 막연히 그런 사람이 되고 싶었다. 제 몸을 스스로 챙기는 것은 물론이었다. 스스로에 몰입하는 산행만 하던 내게 그런 여유가 있을 리 만무했는데, 지금 와서 생각해보면 그들이 내게 먼저 마음을 내어주었다. 힘든 상황에서 나보다 남을 먼저 돌아볼 줄 아는 따스한 시선, 그를 뒷받침해주는 체력, 힘들다는 말의 적절한 사용법, 그리고 유머 감각. 내가 그제야 깨달은 것들을 그들은 이미 알고 있었다. 부러웠다.

원정을 준비하고 떠나며 알게 된 것이 많은데, 무엇보다 내가 어떤 사람인지 아는 것이 가장 긴요했다. 내게 맞는 무게로 배낭 싸는 법, 내가 좋아하는 식량을 꾸리는 법, 내게 맞는 장비를 들이고 그것들이 나와 물아일체가 되도록 훈련하는 법. 내가 어떤 상황에 어떤 음식을 선호하며, 그것이 얼마큼의 열량으로 나를 걷게 하는지, 그것이 어느 정도의 포만감을 느끼게 하는지를 처음 알게 되었다. 장비들은 손저울로 일일이 무게를 달아 기록해놓았다. 산행을 할 때마다 다채롭게 조합하더라도 총 무게의 합을 쉽게 알고, 미리 준비할 수 있도록 설계했다.

지금 생각해보면 무게든, 취향이든, 무어든 그리 머리 싸매고 스트레스 받을 정도로 신중할 필요가 있었나 싶지만 그땐 무게 1g에, 내 입맛에 꼭 맞는 간식에 집착하는 것이 재미있었다. 감정에 몰두해서 걷던 내게 계산하고 계획하는 새로운 세계가 열린 것이다.

여전히 앙투안 드 생텍쥐페리의 책을 챙긴다. 볼펜 한 자루와 끼적일 노트도 함께다. 일본 북알프스 야리가다케를 등정하고 하산한 날, 우리는 저지대의 산장 앞에서 텐트를 치고 하루 더 쉬어갔다. 자작나무의 노란 잎들이 오후의 강렬한 주황빛 햇빛을 받아 눈부시게 빛났다.

전날까지 우리는 태풍이 지나는 길을 함께했다. 한바탕의 비바람이 지나자 청명한 하늘과 상쾌한 공기가 맞았다. 삼나무의 달착지근한 향이 코끝에 계속 맴돌았다. 나는 그날 텐트 속에서 수십 번 읽은 책의 구절을 다시 읽으며 뒹

굴었다. 사람들의 수다 소리가 들렸다. 오늘의 산행, 어제의 산행, 그 모든 산행…. 그 소리가 나를 살게 했다.

걷고 싶다면

1 산이든, 길이든 목적지를 정한다. 가는 방법을 알아본다. 지도를 살피고, 교통편을 알아보고, 시간표를 구체적으로 짜서 전날 밤 가슴이 설레도록 만만의 준비를 마친다.

2 지금 내게 있는 장비로 시작한다. 불편함을 느끼는 것이 나와 장비에 대해서 알게 되는 가장 빠른 길이다.

3 여정을 마친 뒤 기록하고 반성한다. 시간표대로 잘 지켜졌는지, 식량은 적절했는지, 앞으로 고려해야 할 것들이 무엇이 있는지 하나하나 생각하고 써 본다.

4 모든 것에 여유를 둔다. 시간과 체력, 식량, 마음가짐 등 항상 만일을 대비해 준비한다.

태양을 넘고,
하늘을 넘어

한 번, 또 한 번의 물결이 인다. 패들의 끝을 물 깊숙이 넣어 어깨가 비틀어질 만큼 강하게 젓힐수록 보트는 추진력을 얻어 더 세차게 돌진한다. 마치 에스컬레이터에 탄 것처럼, 뒤에서 밀어주는 그네에 오른 것처럼, 나는 예상보다 더 멀리 나아간다. 나아갈 수 있을까, 했던 의심이 금세 자신감과 흥미로 뒤바뀐다. 팔과 어깨에 힘을 주어 패들을 제대로 잡고 쉼 없이 저어보기로 한다. 곧 숨이 가빠지고 입안이 탄다. 파도는 수평선에 걸친 태양을 만나 찬란하게 부서진다. 움직일 때마다 수천 개의 포말이 튀어 오른다. 캐스커가 부른 〈천 개의 태양〉처럼.

그러다가 이내 힘이 빠져 패들을 내려놓는다. 나는 게으른 카야커다.

한강의 패들클럽 루나루와 여기저기 곧잘 다닌다. '우리 섬진강 갈 건데, 갈래?' '충주호 어때?' '한강으로 나와!' 이번에 함께한 곳은 군산 선유도다. 강원도에 사는 내게 전라북도 군산은 말만 들어도 아득해 엄두가 나지 않았지만, 근육통이 여기저기 새겨진 몸으로 텐트에 들어가 뒤척이는 그 맛을 느낀 지 오래라 참여하기로 했다. 아득하게 떠 있는 섬들과 낙조, 고즈넉한 바닷길, 푸짐한 한 상 차림 같은 서해의 쓸쓸하면서도 따뜻한 느낌도 그리웠다.

시카약sea kayak이 특별하게 느껴지는 건, 바다에서 파도 소리를 듣지 않을 수 있어서다. 우리가 바다에 있다면 대체로 해수욕장에 머무르거나 배 위에 떠 있는 상태일 테니, 어디에서라도 파도가 치는 소리를 듣게 된다. 그런데 카약을 타고 바다 한가운데 나가서 가만히 떠 있으면 고요 속에서 바다의 정취를 느낄 수 있다. 파도 소리가 없는 바다의 한가운데. 이게 뭐 그리 특별한 일인가 싶지만, 묘한 감상을 불러일으킨다. 어디를 둘러봐도 정박할 육지가 없고 배와 사람이 보이지 않을 때, 그러니까 바다 한가운데 있을 때, 나는 패들링을 그만두고 가만히 카약에 몸을 뉘어 기댄다. 바다와 나만이 존재하는 시간을 경험한다. 진한 고요 속에서.

모든 운동이 그러하듯, 카약도 내가 힘을 내는 만큼 나아간다. 엄지와 검지 사이 손바닥 측면 살 껍질이 벗겨질 만큼 노를 젓자 역시 별별 생각이 다 든다. 가령, 왜 돈을 써가며 원시 체험을 하는 걸까? 옛날엔 이 섬에서 저 섬으로 넘어갈 때마다 이렇게 사람의 힘으로 배를 움직였겠지? 지금은 그럴 필요도 없는데 왜 나는 이걸 하고 있을까? 왜 사람들은 열심히 살고 벌어서 다시 원시로 돌아가는 체험을 하는 데 돈과 시간을 쓸까? 이렇게 카약을 타고 육지에 정박해서 텐트를 치고 그 안에 들어가 밥을 먹고 잠을 잔다. 웃긴 일이라 생각한다.

스스로 선택하는 것이 곧 즐거움이리라. 나는 내게 불편함을 허용한다. 나는 내게 부자유를 허락한다. 진정한 자유. 자유란 모든 것으로부터 해방된 상태가 아니라 오로지 자신의 의식이 선택한 것들로 이루어진 삶일 것이다. 익숙함으로 던져지고 싶은 육체의 나태함을 거스르고, 습관으로 다져진 뇌의 명령을 거스르는 힘. 그저 즐거움을 위해 아웃도어 활동을 하는 사람도 있겠지만, 나의 경우는 드러누우려는 육체에 대항하여 의식을 승리시키고자, 그리고 무엇보다 이기는 쪽은 나의 의식이리라는 사실을 스스로에게 확인시키고자 몸을 일으키는 때가 많다.

그렇다면 두 시간, 세 시간 중노동을 하며 바다를 건너

맞은편 섬에 닿고자 하는 열망이 단지 재미와 즐거움 때문만은 아닐 것이다. 무엇을 그리 확인하고자 나는 노를 저을까. 노를 젓는 동안에도 그 의미를 정확히 알 수 없다. 아니, 조금도 알 수 없다. 이상하게도 많은 것의 의미란 그 활동이 한참 지나고 돌이켜보았을 때, 가령 집으로 돌아가는 버스 안에서, 며칠이 지난 후 집안일을 하던 중에, 머리를 말리다가 문득, 또렷이 살아나곤 했다. 의미를 찾는 행위의 필수조건이 '시간'이라는 듯. 시간은 당장 무언가를 찾고 느끼려는 내게 힘을 빼게 했다.

그런 생각에 이르러 힘을 뺀다. 멀지 않은 거리에 우리 팀의 보트가 두어 대 떠 있다. 그들도 힘을 빼고 지금 이 주어진 시간을 즐기고 있다. 선글라스를 들추자 맹렬한 햇볕이 수평선으로 쏟아지고 있었다. 빛은 수면에서 끊임없이 반사되어 눈이 부시도록 황금 가루를 만들어냈다. 바다는 여전히 고요했다.

패들 클럽 루나루

카약과 사람을 싣고 어디든 간다. 루나루의 대표 강희구는 물에서 하는 활동이라면 무엇이든 잘하는 수상레저 전문가이지만 사람을 대하는 자세는 늘 초보임을 자처한다. 사계절 언제라도 물에 들어가고 싶다면 루나루를 찾아보길 권한다. 물과 사람과 시간을 함께 나눌 수 있기를.

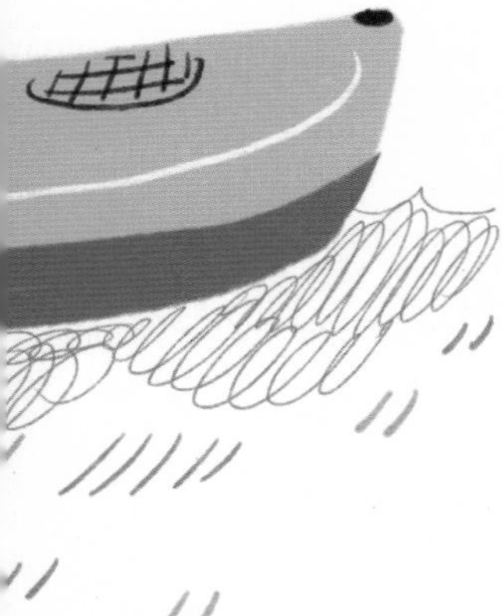

나는 아보리스트다

아보리스트. 우리나라에서는 아직 낯선 단어다. 독일, 미국에서 활성화되어 있는 직업으로 우리말로 해석하면 '수목관리사'쯤 된다. 아보리스트의 가장 큰 특징은 로프를 활용한 등반 기술로 나무를 타고 올라가 고공에서 작업을 한다는 것이다. 나무 꼭대기에 올라서 무얼 하냐고? 도시의 나무들이 인간과 오래오래 공생할 수 있도록 올바른 이론을 기반으로 가지를 자르거나(물리적인 치료라고 할 수 있다) 연구에 필요한 시료를 채취하는 일, 안전하게 나무를 오르내리는 레저 활동인 '트리클라이밍' 체험을 제공하는 일 등을 한다.

나는 아보리스트 클라이밍 스페셜리스트 2급 자격을 지니고 있다. 왜 이 자격증을 갖추게 되었냐고 묻는다면, 내가 무언가를 좋아하는 방식에 대해 이야기할 수 있을 것이다. 나무와 숲이 내게 준 것들을 감사한 마음으로 돌려주고 싶었다. 무언가를 좋아한다는 건 마구 좋아한다고 표현할 일이 아니라 대상에 대해 진지하게 공부해야 하는 것이라고 생각했다. 그래야지만 대상이 필요로 하는 것을 제대로 해줄 수 있으니까. 나무를 심도 있게 공부하고 싶었고 그러기 위해선 선진화된 수목관리 기술인 아보리스트 기술을 익혀야 했다.

아보리스트 자격을 갖추기 위해서는 강릉 부연동 산속 오지에 자리한 아보리스트 교육장 'WOTT Walking On The Treetops' 에서 약 140시간 교육을 받아야 한다. 아직도 내 생에서 이 교육만큼 특별했고, 고단했던 시기는 찾아오지 않았다. 극단적 문과형이라고 스스로를 규정하고 살아왔기 때문에 물리학을 기반으로 하는 다양한 로프, 매듭, 등목 기술이 어려웠고 체력도 부족했다. 전기도, 전화도 잘 터지지 않는 오지 생활 역시 만만치 않았다. 이 경험을 통해 나는 스스로 만든 틀을 깰 수 있었고 무엇이든 인고의 시간을 버티면 한계라고 생각한 선을 뛰어넘을 수 있다고 믿게 되었다.

나무 위에 오르면 두 손, 두 다리가 벌벌 떨리던 날들이 있었다. 지상에서 몸을 떼고 높은 곳에서 우리가 살아가는 세상을 내려다보았을 때, 지니고 있던 그 어떤 고민도 생각나지 않으며 단지 '살고 싶다'는 본능만 간절해졌다. 이 나무에서 저 나무로 옮겨가야 하는 '로프 투 로프rope to rope' 미션을 받게 되면 반대편 나무에 걸어놓은 줄을 미리 벨트에 지니고 올라가 나무 위에서 현재 줄로부터 반대 줄로 갈아 끼워야 한다. 카라비너Karabiner라는 안전 잠금장치를 이용해서 저 나무에 내 몸을 묶고 이 나무에서 벗어나는 것이다. 매달려 있는 나무의 로프에서 카라비너를 풀려고 할 때, 처음에는 절대 그걸 풀 수가 없었다. 장비에 대한 신뢰가 부족했기 때문에 추락에 대한 두려움이 먼저 일었던 것이다. 나는 결국 풀었고 마치 타잔처럼 반대편 나무로 몸이 크게 갸우뚱 기울며 날아서 이동했다. 그때 예감했다. 이 공포야말로 내가 오르는 이유가 되리라는 것을. 매번 공포를 마주했을 때, 삶이 소중해지고 재밌어졌다. 눈앞에서 생사의 기로를 맞닥뜨리면 내가 얼마나 살고 싶어 하는지 누가 다그치지 않아도 몸이 절실히 느꼈다. 나무 위에서 느낀 그 거대한 감정을 지상으로 가져오면 그 이전보다 일상에서 마음이 편안했고 여유를 가질 수 있었다.

부연동에서 지금껏 살며 보아온 별 중 가장 많은 별들, 은하수를 보았다. 술을 마시지 않았는데도 취했는지 스스로를 의심할 정도로 하늘에 무수한 별들이 선명하게 하얀 띠를 만들고 있었다. 차가 다니지 않는 깜깜한 새벽(아마 새벽이 아니었을 것이다. 부연동은 해가 지자마자 마치 아주 깊은 밤이 온 듯했다) 우리 교육생들은 아스팔트 길 위에 대놓고 누워서 몇 시간이고 이야기를 나누며 하늘의 별을 올려다보았다. 온종일 교육과 훈련으로 지쳤을 텐데 무슨 힘에선지 밤새 수다를 떨어도 지치지 않았다. 밤하늘, 별에 눈이 밝은 아이가 저게 금성이고, 목성이고 온갖 별자리에 대한 이야기를 해주었다. 머리 너머 개구리 울음과 풀벌레 소리가 밤공기를 타고 세차게 울렸다. 캠프에서 야식을 해놓았다고 얼른 들어오라는 전화가 올 때면 누가 먼저 도착하는지 앞다투며 밤의 산으로 달려 들어가기도 했다. 반딧불이가 환각처럼 맴돌며 제 몸을 반짝였다. 꿈같은 밤들이 지났다.

내 몸 하나로 가득 차는 작은 텐트 속에서 8월에 동계형 침낭을 덮으며 추위에 떨었다. 부연동은 그런 곳이었다. 침낭에서 눈을 감으며 종일 이 순간을 위해 아껴놨던 뮤지션의 곡을 틀었다. 바로 디어클라우드였다. '멀리 쓸어 가버린 아직 끝나지 않은 이야기 / 지워지지 않는 건 영원할 것 같던 바램(〈안녕, 보물들〉)' 보컬 나인의 읊조리는 듯 무심하면서도 따뜻한 목소리가 힘든 몸뚱어리를 위로했다. 참 신기했던 건, 하루도 빼먹지 않고 한 곡이 끝나기도 전에 잠이 들었다. 나는 늘 잠자리에서 뒤척이는 편이었다.

아보리스트 교육을 받고 싶다면, 나무와 숲에 둘러싸여 오롯이 그것에만 열정과 시간을 쏟고 싶다면, 아니 야영 생활을 하며 삼시세끼 밥 짓는 일을 즐긴다면, 그것으로 충분하다. 언제든 부연동으로 들어오시기를. 우리는 나무를 위해서 오르고, 내리고, 공부하고, 그리고 등을 돌리면 밥을 짓는, 그런 생활을 반복하게 될 것이다. 매듭이 잘 외워지지 않아 힘들어하던 시간, 등하강 시스템이 몸에 배지 않아 괴로워하며 울던 시간, 열등감에 시달리거나 스스로를 탓하며 아파하던 시간, 내게 부연동 숲은 남몰래 그 모든 시간을 품어주었던 곳이다. 혹시나 당신이 온다면, 다시 한번 고마움을 전하러 부연동에 들어가야지. 양손 가득 2주일 치 식량을 챙겨 들고서. See you at the tree tops.

아보리스트에 도전하려면

1 '(사)한국아보리스트협회' 홈페이지에서 교육일정을 확인하고 신청한다.
2 강릉시 부연동에 자리한 교육장 'WOTT Walking On The Treetops'에서 교육이 이루어진다.
3 자격증을 취득하기 위해서는 교육을 마친 후 민간자격 시험에 응시하여 합격해야 한다.

우리 곁에 가장 가까이 있는 야생

어떤 일에 집중해서 살아가면 세상이 달리 보인다. '달리'라는 것에는 두 가지 의미가 있는데, 첫 번째로는 이전에는 세상에서 안 보이던 것이 보이는 것이고, 두 번째는 세상이 그것 위주로 흘러간다는 것이다. 나에게 새를 본다는 것, '탐조'가 그런 역할을 해주고 있다.

최근 나의 삶은 탐조를 중심으로 흘러가고 있다. 탐조는 야생에서 새를 찾는, 보는 행위를 말한다. 말 그대로 그저 바라보는 것이다. 쌍안경, 카메라, 필드스코프와 같이 멀리 있는 물체를 확대해서 볼 수 있는 장비를 통해 새를 바라본다. 그렇게 하염없이 야생을 헤매고 저녁이 되어 집으로 들어오면, 오늘 관찰한 새들의 사진을 펴놓고 도감 두어 개를 이용해 이들의 명칭을 알고, 유사종과 비교하고, 기록한다. 나에게 새를 보는 시간은 이렇게 이루어진다.

본래 상징적인 새를 좋아했다. 그러니까 새의 자유로움, 아름다움, 고고함 같은 은유로서의 새를 사랑했다. 시간이 지나고 정말 탐조인이 되어 보니, 은유와 실제는 떨어져 있는 것이 아님을 깨닫는다. 새의 이미지를 좋아하던 내게 탐조의 불씨를 지핀 것은 다름 아닌 유튜버 '새덕후Korean Birder' 채널, 그리고 숲해설가(산림교육전문가) 수업 덕분이었다. 새덕후의 자연 다큐멘터리 영상은 실제의 새와 상징의 새가 다르지 않다는 걸 보여주는 듯 아름답다. 아니, 지금에 와서 생각해보면 아름다움이란 자연 그 자체에 틀림 없다.

아무리 순수한 마음으로 새를 좋아한다고 해도 취미 생활에 있어서 장비를 위한 소비는 불가피했다. 나는 더 선명하고, 더 가까운 새 사진을 선호하는 사람은 결코 아니지만, 새를 보는 것이 일회성에 그치지 않고 지속 가능한 공부가 되기 위해서 어느 정도 배율이 높은 렌즈의 카메라가 필요했다. 집으로 돌아와서 오늘 본 새들을 기록하고, 비교하고 더 공부하고 싶었다. 그리하여 구매하게 된 것이 지금의 카메라 '니콘 p900s'다.

카메라를 사자마자 나는 하루도 쉬지 않고 필드에 나갔다. 운이 좋게도 근무하는 사무실이 해발고도 800m의 강원도 산자락에 있으며 주말에는 속초 집에 있다. 언제든 산책만 나서면 산새와 물새를 만날 수 있다. 회사에서는 30분 일찍 출근하거나 점심을 후딱 먹고 새를 볼 시간을 확보한다. 짧은 시간이지만 그것으로도 감사한 환경이다.

지금까지 가본 가장 먼 탐조지는 제주도 가파도다. 가을에는 북쪽에서 번식하고 남쪽에서 겨울을 나기 위해 내려가는 나그네새들이 우리나라를 찾는다. 대표적인 새가 도요새, 물떼새류다. 이들을 보기 위해 추석 연휴에 텐트와 침낭, 일주일 치 먹을 건조식을 배낭에 챙겨 제주도로 떠났다. 첫 탐조 트립인 셈이었다. 배를 타고 가파도에 입도해 저녁을 먹고 맞은편으로 제주도의 여섯 산(한라산, 산방산, 송악산, 군산, 고근산, 단산)과 푸른 바다가 보이는 자리에 텐트를 쳤다. 올레길을 걷느라 옷은 흙과 땀투성이, 며칠째 샤워도 못 했다.

바다직박구리, 깝작도요, 때까치, 제비딱새, 물수리, 쇠솔딱새…. 편안한 마음으로 가파도를 즐기니 보고 싶었던 새들을 정말 많이 보았다. 낮에는 새를 보고 밤에는 낮에 본 새들을 동정하며 텐트 안에서 뿔소라니 전복이니 하는 것들을 안주 삼아 간단하게 한잔하고 잠드는 그 단순한 삶이 좋았다. 아침에 눈을 뜨자마자 텐트를 열었을 때 보이던 새들이 가장 기억에 남는다. 구질구질한 행색에 카메라를 들고 새에 집중하던 그런 시간이 어찌나 좋았는지.

보통의 일상, 사람들과 함께하고 있는 평범한 공간이 새를 본다는 것만으로도 완전히 달라짐을 느낀다. 잠깐의 뷰파인더에 집중하는 시간, 나는 금세 야생을 다녀온다. 같은 공간에서 같은 시간을 보냈지만, 저녁에 카메라와 도감을 펼쳐 사진을 정리하는 시간이 오면 '나는 오늘 어디에 있었나' 하는 생각이 든다. 나는 야생의 속살을 슬쩍 훔쳐보다가 왔고 그로 인해 아주 멀리 다녀온 기분이 들었다. 새를 보는 시간이 점차 쌓이며 매일 저녁, 새로운 차원의 시공간

감각을 느낀 것이다.

새를 보는 일에는 더 수준 높은 새, 더 쉬운 새 같은 인간이 만든 레벨이 없다. 새는 숨죽이고 관찰하면 어디서든 볼 수 있다(사람이 방해만 하지 않는다면). 새는 우리 곁에 가장 가까이 있는 야생이다. 나는 튀지 않는 자연의 색을 띤 옷을 갖춰 입고, 카메라를 들고 길을 사뿐사뿐 걷는다. 자연에 스며드는 시간이 즐겁다. 그리고 공부한다. 인간의 권위가 무색해지는 가장 동물적이고 지구적인 이들의 활동을. 집으로 돌아오면 내 안의 어느 부분이 나은 기분이 든다. 그것은 정말 알 수 없는 일이다. 내가 어디가 아팠고, 또 어디가 나았는지.

새에게 다가가기 위한 준비

1 새에게 피해를 주지 않는다. 50~100m 이상 떨어져서 관찰하며 자연을 닮은 색의 복장을 갖추고 조용히 천천히 다닌다. 위협을 느껴 날아오르는 새는 에너지를 낭비하게 된다.
2 쌍안경을 준비한다. 배율은 7~8배율, 대물렌즈 지름은 30~35mm가 적당하다. 무겁지 않고 휴대가 간편한 것이 좋다. 카메라는 고배율의 콤팩트 카메라도 충분하다.
3 새로 만난 새들을 도감을 통해 공부하고 기록한다. 그림, 사진 등 자신만의 기록을 해놓으면 쉽게 잊히지 않고 공부를 지속할 수 있다.

어딘가에 바다가 있다는 이유로

항구의 비릿한 냄새에 비 젖은 아스팔트의 축축한 기운이 더해져 바닷마을이 피부로 느껴지는 곳에 있다. 벤 하워드Ben Howard나 디스 윌 디스트로이 유This Will Destroy You의 산책하기에 제격인 선선한 기타 톤이 자연스레 생각나는 날씨다. 오늘 바다는 한 번에 좋은 파도가 서너 개씩 들어오는 세트 파도가 꾸준히 들어오고 있어 서핑하기 무척 좋은 컨디션이다. 건물 5층 정도는 될 것 같은 먼 라인업에 서퍼들이 둥둥 떠 있다.

서핑 보드를 밀고 바다로 들어가는 것만으로도 충만함을 느끼는 나는 초보 서퍼다. 파도가 좋든 그렇지 않든 물에 둥둥 떠 있기만 해도 기분이 좋아진다. 나는 종종 보드를 밀며 파도를 넘을 때 큰소리로 노래를 한다. 왠지 조금 두렵고 외로운 마음을 다독이기 위함이다. 큰 파도를 독대할 때 긴장하지만 그만큼 몸과 마음은 더 단단해진다. 바다로 들어갈 때는, 아니 그곳이 산이든 어디든 자연을 정면으로 마주볼 때 조금 무섭고, 금세 강해진다.

큰소리로 노래를 부르며 라인업으로 향한다. 보통 바다로 들어갈 때는 보드 위에 엎드려 양팔을 노 삼아 패들링을 하며 파도를 힘차게 거슬러야 하는데 나는 팔뚝과 어깨의 힘을 아끼기 위해 최대한 걸어갈 수 있을 때까지 걸어간다. 온종일 오래 서핑을 즐기기 위해서지만 계속 거친 파도를 맞고 있으면 이 방법 역시 지친다. 파도가 한 번 부서지면 다음 파도가 덮칠세라 빠른 속도로 걸어 들어간다. 발이 안 닿기 시작하거나 너무 큰 파도가 오면 그때 냉큼 보드에 올라 엎드려서 파도 속으로 들어간다. 입수. 슈트 속으로 미지근한 바닷물이 순식간에 퍼진다. 몸이 바다와 체온을 맞추기 위해 부르르 떤다. 움츠러들었던 근육이 편안해진다. 라인업에 도착했다.

대개 이런 청량한 바다에 오면 시끌시끌하고 마치 캘리포니아 바이브가 느껴지는 듯한 음악을 틀곤 하는데 나는 외려 에릭 사티Erik Satie의 〈짐노페디〉 수준으로 평온하고 정적인 음악이 떠오르곤 한다. 처음 서핑에 관심을 가지게 된 것도 오키나와를 배경으로 하는, 거의 무성영화에 가까울 만큼 고요한 서핑 영화를 통해서였다. 영화감독 기타노 다케시에 빠지게 된 영화, 〈그 여름 가장 조용한 바다〉(1993)다.

영화에서 주인공들은 바다를 가만히 관조하는 자세로 서핑에 임하고, 기타노 다케시는 이들의 삶을 관조한다. 주인공인 시게루와 그의 연인 다카코가 청각장애를 지녔기 때문에 영화는 침묵 속에서 바닷소리만 울려 퍼진다. 시게루는 느리고 서툴지만 진지한 자세로 서핑에 몰두한다. 그의 그런 단순함과 우직함, 성실함이 늘 훌륭한 파도가 들어오는 오키나와의 한결같은 바다와 맞물려 깊은 감동을 불러일으킨다. 기타노 다케시는 그의 영화 대부분의 음악을 작곡가 히사이시 조와 작업했는데, 이 영화는 그들 콤비의 첫 번째 작품이기도 하다.

멍하니 수평선을 지켜본다. 내게 맞는 좋은 파도가 들어오는지 지켜보는 것 절반, 그저 멍 때리는 것 절반이다. 뜨거운 햇살이 정수리로 내리쬐면 보드에 누워 일광욕을 즐긴다. 넘실, 넘실, 크고 작은 파도가 보드 아래로 넘어간다.

좋은 파도가 다가온다 싶으면 빠르게 보드를 회전시켜 잽싸게 패들링을 한다. 하나, 둘, 하나, 둘, 패들링을 하며 내가 탈 파도에 몸을 실을 준비를 한다. 나라는 존재는 아무런 문제도 되지 않는다는 듯, 파도는 보드를 싣고 부드럽고 매끈하게 부서진다. 파도의 힘찬 동력을 받고 보드가 세차게 나아간다. 쭉-, 쭉. 백사장을 향해 나아가며 내 시선이 닿는 곳으로 보드의 방향이 자연스럽게 움직인다. 나는 해변 끝까지 가지 않고 중간에 바다에 풍덩 빠진다. 다시 라인업으로 돌아갈 준비를 한다.

매번 모든 파도에 올라타 찬란하게 롱런을 하지는 못한다. 이미 부서지고 있는 파도의 경사에서 제대로 몸을 일으키지 못하고 보드의 앞부분인 노즈nose가 수면 쪽으로 꼬꾸라져 박혀버리는 상황이 다반사다. 이를 소위 '세탁기에 말린다'라고 표현하는데, 세탁기에 세탁물이 돌 듯이 파도 속에서 보드와 몸이 내팽개쳐져 물을 왕창 먹게 된다.

그렇게 물을 먹고 나면 상쾌하다. 코로 물이 들어가 바다 소금에 몹시 매워하기도 하고 파도에 인정사정 없이 맞느라 뇌가 얼얼하기도 하지만 그 정도는 돼야 왠지 한바탕 놀았다는 느낌이 든다. 무엇이든 깨지고 부수어져야 비로소 존재감을 느끼는 것처럼.

물 밖으로 나와 해변에 몸을 누이고 끊임없이 부서지는 파도와 이를 즐기는 서퍼들을 가만히 바라본다. 바다는, 그런 시간으로 말미암아 사람을 정화시키는 묘한 매력이 있다. 그래서 어딘가에 바다가 있다는 이유만으로 안도감을 느끼는 건지도 모른다.

서핑을 마치고 난 후 뜨거운 물로 소금기 가득한 바닷물과 얼굴에 범벅이 된 선크림을 씻어낸다. 그리고 젖은 머리칼을 한 채로 밖으로 나와 차가운 캔 맥주를 마신다. 쉬지 않고 몰아치는 파도를 보며 흙에 발을 파묻는다. 평생 발에 묻은 흙을 털지 않는 삶. 그런 삶을 살고 싶다고 생각한다.

서핑 캠프를 꿈꾼다면

1 뮤직 리스트를 만든다. 드라이브에서부터 서핑, 캠핑을 온종일 함께할.
2 서핑 시, 로컬 서퍼의 안전 수칙을 따른다.
3 서핑을 하다 잠깐씩 휴식을 취할 임시 캠프를 마련해두면 좋다.
4 캠프는 솔밭에 구축해야 밤에도 바람을 막을 수 있다.
5 머물다간 흔적을 남기지 않는다.

어쩌면 영화는 덤

FILM
FESTIVAL

매년 12월, 신년 다이어리를 구매하고 늘 하는 일이 있다. 새로운 해에 열릴 영화제들을 미리 확인해 월별로 적어 놓는 것이다. 대개 시작은 5월의 전주국제영화제다. 6월에는 가장 좋아하는 영화제인 무주산골영화제, 8월에는 한여름 밤을 오롯이 느낄 수 있는 정동진독립영화제가 열린다. 그리고 9월은 울주산악영화제의 달이다. 이들 영화제는 주로 야외 상영회를 가지기 때문에 날씨가 너무 덥거나 추운 시기를 피해 열린다. 말인즉슨, 캠핑하기 좋은 시기와 겹친다는 뜻이다.

'영화제에서 반드시 캠핑을 하겠다!'고 마음먹은 적은 없었는데, 2018년 무주산골영화제를 즐기러 갔다가 그만 영화제와 함께하는 캠핑의 매력을 알아버렸다. 실은 남자친구와 둘만 영화제를 갈 예정이었는데 어찌하다 보니 각자의 친구들이 합석하게 됐고, 신기하게도 정신을 차리고 보니 친구의, 친구의, 친구까지 모이는 상황이 되었다. 수도권에서 꽤 먼 거리라 걸음하기조차 쉽지 않았을 텐데 말이다. 이때는 무슨 일에선지 정말 많은 친구들이 무주 덕유대 야영장 캠프에 바글바글 모이게 되었다.

영화제에서 캠핑을 하면 좋은 점. 베이스캠프를 기반으로 보고 싶었던 영화의 상영 시간에 맞춰 자유롭게 시간을 보낼 수 있다는 것이다. 보통 캠핑을 하면 함께 어울리는 시간이 좋아 끊임없이 요리를 먹으며 그간 못한 이야기를 늘어지게 하곤 한다. 그런데 영화제를 구실 삼아 모인다면 최소한 1개의 영화라도 보기 위해 캠프에서의 계획을 촘촘하게 세우고 부지런히 움직이게 된다. 짧은 시놉시스를 보고 어떤 영화를 보고 싶은지 고르는 재미도 쏠쏠하다. 각자 보고 싶은 영화를 고른 다음, 마음이 맞는 사람들끼리 모여 상영관에 가고 영화가 끝난 뒤 캠프에 돌아와서는 저마다 오늘 본 영화에 대해 의견을 나누는 시간을 갖는다. 자연히 이는 더 깊은 대화로 이어지게 된다.

최근에는 코로나19로 인해 영화제가 온라인으로 개최됐다. 지난 9월에는 울주산악영화제를 횡성의 한 캠핑장에서 즐길 수 있었다. 커다란 셸터 안에서 주야장천 영화만 볼 요량으로 10일짜리 상영권을 구매하고, 영화를 좋아하는 친구들에게 빔프로젝트를 가져오라고 요청해 우리만의 '산속 은둔 영화제'를 계획했다. 사이트를 가장 구석으로 잡은 덕에 영화를 상영하는 내내 몹시 고요했고, 강원도 영서지방은 겨울이 금방 찾아오는 탓에 오후 4시만 되어도 금세 어둑해져 영화를 보기에 제격이었다. 우리는 텐트 바닥에 까는 천인 그라운드 시트를 하얀 것으로 준비해 스크린을 대체했다. 설치해놓고 보니 부족할 것 없이 아늑한 상영관이 완성됐다.

지역에서 열리는 온갖 크고 작은 영화제를 좋아하는 까닭은, 영화제와 더불어 그 지역의 맛과 멋을 함께 즐길 수 있기 때문이다. 또한, 영화제를 좇으며 내가 '목적이 뚜렷한 여행'을 좋아한다는 사실을 깨닫게 됐다. 이런 여행은 최소한의 동선과 시간이 확정되어 있으므로 낯선 여정에 대한 맹목적인 기대감이 줄어든다. 사실 영화제에서 영화가 재미있는지, 그렇지 않은지는 크게 중요하지 않다. 영화제에 참가한 그 자체로 이미 즐거우며, 혹여 계획했던 영화를 보지 못했다고 해도(이유는 대체로 거나한 낮술이다) 가볍게 용서된다.

영화를 좋아하는 사람, 캠핑을 좋아하는 사람. 모두가 깊은 산속 한데 모여 반딧불이와 별빛이 반짝이는 하늘 아래 긴 밤을 지새운다. 야간 상영회가 끝난 뒤, 어둠 속에서 캠핑장으로 돌아오며 이야기 나누는 사람들의 모습이 정겹다. 영화 내내 공중에서 맴도는 발전기 소리가 그립다. 우리는 영화제를 통해 서로에게 더 밀착하고, 다시 내년을 기다릴 이유를 만든다. 만나서 놀다 보니, '영화인'과 '캠퍼'가 크게 다르지 않더라.

영화제와 캠핑장

덕유대야영장에서 개최하는 무주산골영화제처럼 캠핑장 바로 옆에서 열리는 영화제도 있지만 대부분의 영화제에서 캠핑을 즐기려면 미리 인근의 캠핑장들을 물색해서 예약해야 한다. 영화제가 다가오면 캠핑장 사이트도 금방 예약이 완료되기 때문에 미리미리 준비하는 것이 좋다.

동네 목욕탕과 때캠

목욕을 좋아한다. 잡념의 스위치를 끄고 뜨거운 물속에서 몸을 데우며 가만히 앉아 있으면 마치 수행하는 도인이 된 기분이다. 몸이 벌겋게 달아오르고, 살갗이 퉁퉁 불고, 머리에 김이 모락모락 올라올 때면 그제야 삶의 고뇌가 개운하게 씻긴다. 아무리 고단하고 지친 하루를 보냈더라도, 옷을 벗고 뜨거운 김과 물속에서 시간을 보낸 뒤엔 한결 나아진 기분으로 잠을 청할 수 있다.

일상에서도 이럴진대, 몸을 혹사하는 하이킹이나 클라이밍 등 아웃도어 활동을 하고 나면 어떻겠는가. 그 개운함과 편안함은 배가된다. 해가 질 무렵 산에서 내려와 집으로 귀가하는 길, 주변의 동네 목욕탕에 들러 근육통이 여기저기 남은 여독을 풀고 나면 나른함이 금세 찾아온다.

흔히 여럿 캠퍼들이 모여 즐기는 캠핑을 '떼캠'이라고 한다. 나는 목욕탕에 갔다가 텐트로 돌아오는 캠핑을 '때캠'이라 이름 붙였다. 말 그대로 '때 밀고 캠핑'이다. 때캠을 한 번 경험해 본 사람은 텐트에서 술 먹고 놀다가 너부러져 잠드는 행위를 경계하게 될 것이다. 캠핑을 한 하루 동안의 땀과 노곤함을 씻어내 심신이 이완되고 몸은 열기를 가득 머금어 침낭에 웅크리지 않아도 충분히 따뜻하다. 발은 어떠한가. 새벽만 되면 발끝이 시려 침낭 안에서 발을 꼬물거리고 참을 수 없으면 핫팩이나 뜨거운 물병에 비비적대지 않았는가. 목욕을 마치자마자 양말을 신은 발은 오래오래 따뜻함을 유지할뿐더러 땀이 사라져 보송보송, 쾌적함 그 자체다! 다음 날 술과 땀에 찌든 채로 일어나지 않아도 되기 때문에 이 때캠에 중독된다.

때캠이라는 신세계를 가장 먼저 경험한 곳은 다름 아닌 일본 북알프스 야리가다케 원정에서다. 긴 산행의 마지막 날, 원정대는 산에서 내려오지 않고 저지대의 도쿠사와 캠핑장에서 하루 더 묵었다. 이 캠핑장은 산장을 함께 운영하고 있었는데 캠핑만 해도 그곳의 온천을 이용할 수 있었다. 며칠째 샤워는커녕 세수, 양치질도 못 했으며 몸은 땀이 나고 식기를 반복해 소금이 떨어질 지경이었다. 긴 너덜지대를 하산해서 내려오며 무릎이 안 좋아져 걱정스러웠다. 보통 무리하게 무릎을 사용하고 나면 뜨거운 물로 씻기보다 부기를 빼고 통증을 가라앉히기 위해 찬물로 일정 시간 '아이싱'을 한다. 연골은 열이 나 흐물흐물한 상태이기 때문에 뜨거운 물에 담그면 좋지 않다. 그런 이유로 탕에 들어간 우리 여성 대원들은 몸을 욕탕 바깥쪽으로 향하게 하고 다리를 'ㄱ'자로 만들어 욕탕 난간에 기댄 채 온천을 즐겼다. 몸은 욱신욱신, 도무지 정상이 아니었지만 이토록 유쾌하고 특별한 추억이라니. 씻는 동안에도, 나와서 보디크림을 바르는 동안에도, 이 순간을 잊지 못하리라는 것을 직감했다.

지금도 때캠을 하는 이유는 그 기억에서 비롯되었을 것이다. 목욕을 즐긴 뒤 나온 사람들은 서로를 보며 이런 이야기를 건넸다. "씻고 나온 거 맞아? 씻으러 가는 길이야?" 산에서 너무 고생을 많이 해 씻어도 얼굴에 티가 안 난 것이다. 그 이야기를 들은 이는 삐죽거리며 화를 냈다. 투닥거려도 함께 있기에 역시나 정겨운 캠핑장의 풍경.

목욕탕에 들어서면 입구에서 조그마한 창으로 목욕탕 주인은 고개를 빼꼼 내밀고 남자 몇, 여자 몇을 묻는다. 현금만을 취급하며 신발장과 옷장을 같이 사용하는 오래된 키를 건네준다. 복도에서부터 풍기는 지하수, 온천수의 냄새. 오래되어 낡은 옷장들이 줄지어 있고 계단과 마루는 나무가 삐그덕 대는 소리가 난다. 나는 옷을 훌훌 벗고 탕으로 들어선다. 탕에는 매일 목욕을 하러 오는 듯한 어르신 몇 분만이 앉아 담소를 나누며 씻고 있을 뿐이다. 열탕에서 김이 모락모락 난다. 발을 뜨거운 물에 담그면, 오늘 하루를 마감할 준비가 시작된다.

가장 좋은 순간은 텐트로 돌아오는 길, 하늘을 올려다볼 때다. 몸은 열기가 식지 않아 뜨겁지만 찬 공기를 만나 얼굴은 시리다. 씻는 동안 어두워진 거리가 낯설어 조심스레 주위를 살피다, 문득 고개를 든다. 어둠에 서서히 적응하는 동안 눈은 하나, 둘 별빛을 좇는다. 하나, 둘, 셋, 넷…. 알고 보니 무수한 별들이 하늘을 메운 것을 깨달았을 때, 행복을 느낀다. 그런 경험을 하고 나면, 술로 밤을 지새우는 캠핑만이 캠핑이 아님을, 오래도록 즐거운 캠핑을 하기 위한 방법은 일상성의 유지에 있음을 느끼게 될 것이다. 물론, 텐트로 돌아와서 자기 전 시원한 맥주 한잔, 하이볼 한잔 정도는 화룡점정이다. 고단함에 깊이 잠들었는데 새벽에 화장실을 찾지 않을 정도만이라면.

때캠은 이렇게

지도 앱에서 검색 후 맘이 끌리는 곳을 선택하면 그만. 다만 나의 경우 'ㅇㅇ 24시 불가마' '△△온천&찜질방'과 같이 딱 봐도 규모가 크고 찜질방까지 겸하는 곳을 선호하지 않는다. '☆☆사우나'처럼 소박한(전화번호가 안 뜨면 더욱 끌린다) 이름이 좋으며, 확신이 가지 않을 경우 '거리뷰'를 켜서 건물이나 주변 환경을 살핀다. 온수가 콸콸 나오는 캠핑장을 선택하는 것도 좋다. 무엇보다 텐트와 가까워서 좋고 주인장의 깔끔함과 취향 등을 엿볼 수 있다.

2

머무르자

캠프에서

그 지붕 아래서 우리는

닫힌 마음은 사람이 와서 열어준다. 딱딱하게 굳은 마음은 사람이 와서 균열을 내고 틈을 만들어 준다. 그리고 세상의 많은 것들은 그 틈으로 스며들어온다. 틈이 없다면, 들어오지 못할 것이다. 틈이 없다면.

망치 같은 사람이 좋다. 굳어 있는 나를 와장창 깨트려 주는, 한쪽으로 꺾인 고개를 완전히 반대 방향으로 꺾어주는. 우리는 캠핑을 하며 캠핑에 대해 이야기하는 일은 없을 것이다. 대화를 하지만 관계나 인간에 대해 굳이 장황하게 이야기하지 않듯이. 다만 우리는 함께 맛있는 음식을 짓는다. 해야 할 일을 배분한다. 누군가는 설거지를 해와야 하고 누군가는 장을 봐와야 한다. 여름이면 누군가는 그늘막을 설치하고, 겨울이면 누군가는 난로를 손볼 것이다. 한쪽에서 텐트를 고정하기 위해 쉴 새 없이 망치질을 해대는 동안 한쪽에서는 그사이 상추를 씻어오거나 의자나 테이블을 펴거나 텐트 내부를 환기하기 위해 창문 지퍼를 열고 있을 것이다.

누군가와 함께하는 캠프에서 느긋하게 앉아 있을 여유는 좀처럼 찾아오지 않는 듯하다. 그러는 사이 애초에 내가 가지고 온 고민도 형체를 일그러뜨린다. 혹은 고민을 바라보는 시선이 조금 바뀐다. 내가 일부러 한 것도 아니고, 사람들이 억지로 이런저런 조언으로 고민을 누른 것도 아니다. 단지, 그냥 캠프에서의 움직임이 어려웠던 고민을 단순하게 만들어준다. 그 이유를 설명하자면 알 수 없다. 어딜 가나 그랬고, 누구와 함께라도 그랬다.

예전에는 캠핑을 할 때 사람을 초대하려고 하면 먼저

걱정부터 앞섰다. '그 사람 이러이러한 성향 아니야? 오지랖 많지 않았나? 내 소중한 주말을 망치면 어떡하지?' '저번에 그 팀이랑 함께했더니 밤새 술판만 벌어져서 너무 괴로웠어.' '그 친구들은 캠핑하는 분들인가? 자기 장비도 안 가져오면서 함께하기에는 좀….' 사람을 판단하는 작업부터 먼저 이루어진 것이다. 때와 장소에 따라 달라지는 것이 사람이고 상황일 텐데, 몇 번의 경험으로 '그 사람이랑 캠핑 안 해!' 하는 선입견이 생겼다.

물론 그렇다고 '모두 다 모여, 위 아 더 월드!' 하는 축제 같은 분위기, 내일이 없는 분위기가 좋다는 것은 아니다. 여전히 나는 내일이 있는 캠핑, 유난스럽지 않고 일상성의 감각을 물씬 느낄 수 있어 마음이 편안한 캠핑을 추구한다. 사람에게 선입견을 두지 않는 포용력을 가지면서도 나의 소중한 캠핑의 성격도 지킬 수 있는, 그런 캠핑은 어떻게 할 수 있는 것일까? 이런, 저런 방식대로 많이 해보는 것만이 그 균형을 찾을 수 있는 방법일 것이다.

잦은 시도로 캠프에서의 내 습관이 굳는다면, 자연히 사람들이 그에 따라서 맞춰지기도 한다. 그러니까 결국, 내가 원하는 게 뭔지 아는 것이 여기서도 핵심일 터. 일관성 없이 이리저리 마음을 바꿔서 룰이 생기지 않는다면, 초대받은 이도 원래 룰이란 것이 없는 줄 알 것이다. 몸과 마음을 쉬게 하러 캠핑을 떠났는데 이곳에서조차 룰이 있으면 괴롭지 않으냐고? 캠프에서의 '쉼'은 엎드려 쉬는 것이 아니라 새로운 일을 하며 쉬는 것이다. 평소에 하던 일과 다른 일, 다른 업무를 맡아 기존에 갖고 있던 스트레스와 상쇄시키는 것이다. 캠프에서의 일과는 너무 복합적이라 무조건 그렇다고 말할 수 없겠지만 어찌 됐든 유유자적한 쉼과는 거리가 있는 것은 확실해 보인다.

그리하여, 사람을 초대하는 것은 내 마음이 단단해져 있을 때 가능하리라고 말하고 싶다. 나의 의식이 살아 있고, 몸을 움직일 만한 체력이 남아 있으며, 농담을 들었을 때 농담으로 받아치거나, 혹은 농담하지 말라고 똑 부러지게 말할 수 있는 자존감이 굳건히 자리를 지킬 때 말이다.

나는 내가 유약할 때, 쉽게 사람을 찾곤 했다. 초대받은 사람이 자신의 삶을 이야기할 때 나는 부러워서 움츠러들기도 했고 기대고 싶어 슬피 울기도 했다. 그리고 그 사람이 떠나면 나는 일상에서 그 사람을 생각하곤 했다.

나는 내가 강건할 때, 흔쾌히 사람을 찾곤 했다. 초대한 사람을 두고 멋진 나의 요즘 일상을 이야기하며 은근히 으스대기도 하고 내게 눈물을 보이는 사람을 안아주기도 했다. 그리고 그 사람이 떠나면 나는 또 일상에서 그 사람을 떠올리곤 했다.

내가 힘들 때, 내가 강할 때, 그가 힘들 때, 그가 강할 때,

언제든 곁을 내어줄 수 있고, 내가 그 곁에 의지할 수도 있는 것. 그렇게 사람을 위로하고 사람에게 위안받으며 지나간다. 그 텐트 속에서, 그 지붕 아래서 이런저런 이야기들이 흘러갔고, 그 이야기 속에서 우리는 또 배웠고, 성장했다.

함께 하는 캠핑 준비

1 캠프 전, 장소와 시간을 정하며 각자가 준비해갈 물건, 계획 등의 목록을 공유한다.
2 캠프에 초대되면 내가 먹을 음식과 마실 음료는 꼭 챙겨 간다.
3 캠프에서 역할 분담을 확실히 한다. 주방장(삼시세끼 모두 구별하면 좋다), 식재료 손질 담당, 난로 지킴이, DJ, 설거지 담당 등.
4 진솔한 이야기를 나누고 싶다면 질문이 적혀 있는 '질문카드'를 이용해 묻고 답하는 시간을 가지는 것도 좋다.
5 캠핑의 막바지에 설거지 및 뒷정리는 다 함께 한다.

언제까지고
음악은
끝나지 않아야

지는 해의 오렌지 빛이 텐트로 들어온다. 한없이 따뜻하게 감싸주는 붉고 노란 빛. 나는 그 빛만 있다면 언제까지고, 위로 받고 살 수 있을 것 같다. 그 빛을 등에 업고 하산하거나, 그 빛을 사이에 두고 사람들과 건배 나눌 수 있다면. 차가운 눈 위에 내려앉는 햇빛. 모든 차가움도 온기 어린 정성으로 품어내는 것만 같은 태양의 빛. 나는 그 빛의 모든 것을 사랑한다. 쉽게 떠지지 않는 눈꺼풀을 사랑한다. 빛을 맞고 섰을 때의 그 찡그림.

별이 한없이 따스하게 느껴질 때는 포스트 록을 듣는다. 장면 위에 자연스럽게 떨어지는 선율. 느리고 길게 흐르는 비트. 자연의 소리를 닮은 악기들. 이 모든 것은 포스트 록을 아우르는 특징이다. 캠핑에서 듣기 좋은 포스트 록 음악이야 굉장히 많겠지만, 내가 주로 듣는 뮤지션은 멈Múm, 안테나 투 헤븐Antennas to Heaven, 로쿠로Rökkurró, 디스 윌 디스트로이 유, 모과이Mogwai 등이 있겠다. 특히 안테나 투 헤븐의 동화를 읽듯 내레이션으로 풍부하게 채워진 앨범 《해석학Hermeneutics》은 해 질 무렵 듣기에 최고다. 내가 포스트 록을 좋아하는 이유는 실로 감싸 안는 듯 따뜻한 느낌을 주는 기타 톤 때문이다. 부드럽고 몽롱하게 울려 퍼지는 기타의 톤은 평온 속에서 안도하며 하루를 마감할 수 있게 이끈다. 포스트 록은 눈을 감고 편안한 선율 속에 가만히 웅크리기 좋은, 그런 장르다.

가을이 오면 캠핑에서 빠질 수 없는 뮤지션이 있다. 스팅Sting이다. 어느 날 문득 눈을 떴는데 두꺼운 스웨터를 찾게 된다면 자연히 그날은 〈잉글리시맨 인 뉴욕Englishman in New York〉을 들으며 집을 나서게 된다. 거리에 마른 낙엽이 흩날리며 가을 내음이 그득 차 갑자기 가슴이 '쿵' 하고 내려앉을 때, 차갑게 부는 바람이 나를 스치지 않고 마음 한가운데를 관통하는 것 같을 때, 처방전처럼 스팅을 듣는다. 특히 찬바람 불 때 듣기 좋은 앨범으로 10집 앨범 《어느 겨울 밤이면If on a Winter's Night》을 추천한다. 민요, 캐럴, 포크와 자장가 등 다양한 클래식 장르를 집대성한 이 앨범은 겨울 산장에서 듣기 좋아 '산장 앨범'이라고 부르기도 한다. 혹한과 어둠의 계절 겨울을 있는 그대로 느끼며 사색에 잠기기 좋은 음악들로 가득 채워져 있다.

이번 봄, 여름 캠핑장에서 가장 많이 들은 앨범은 김오키 새턴발라드의 《포 마이 엔젤For My Angel》이다. 김오키에 한창 꽂혀서 지냈다. 그의 '경계 없음' '후리함'에 완연히 빠졌다. 가장 좋아하는 곡은 〈점도면에서 최대의 사랑〉이다. 김오키는 2020 한국대중음악상에서 '올해의 음악인' '최우수 재즈&크로스오버 재즈 음반'을 수상했지만 정작 스스로는 자신의 음악을 하나의 장르로 규정 짓는 것을 거부하고(장르는 '사랑'이라고 말한 바는 있다) 느끼는 대로 쏟아내는 자유로운 색소포니스트다. 〈Story 내 이야기는 허공으로 날아가 구름에 묻혔다〉로 시작하여, 〈Hug 더 많이 껴안을 것을〉 〈I love you 그리고 최대의 사랑〉 등으로 이어지는 이 아름다운 앨범을 틀어놓고, 사랑하는 사람들과 소중한 시간을 보내보길. 코로나19가 물러가면 가장 먼저 그의 라이브를 보고 싶다.

여름의 끝자락, 부풀어 오르는 밤을 지새우며 듣기 좋은 앨범으로 일본 밴드 키린지Kirinji의 《스위트 솔Sweet Soul》도 제격이다. 앨범 커버부터 한밤의 편의점을 묘사한 그림이다. 데뷔한 지 어느새 20년이 넘어가는 일본을 대표하는 장수 밴드 키린지의 음악은 시적이며 철학적인 가사로도 유명하다. 선선한 바람이 불어오는 밤 중의 드라이브를 연상케 하는, 시원하면서도 편안한 사운드가 특징이다. 나는 틀고 싶은 음악이 딱히 떠오르지 않을 때 키린지의 음악들을 셔플 재생해둔다. 그들의 음악에는 자연스레 사람들의 대화를 섞고 분위기를 편안하게 만드는 묘한 에너지가 있다. 저녁 무렵의 자전거 라이딩 같은 기분 좋은 에너지.

이렇게 모아놓고 보니 캠핑에서의 음악은 단지 배경음악의 역할만은 하지 않는 것처럼 보인다. 대화의 끝을 잇고 움츠린 마음을 열어 더 깊은 생각과 고민으로 나아가게 하는 동력이 되어준다. 언제까지고 음악은 끝나지 않아야 할 것이다. 캠핑에서든, 우리의 삶에서든.

나는 사실 캠핑에서 DJ를 맡는 일을 좀 부담스러워하는 편이다. 음악에 대한 이야기를 하는 것이 누군가에게는 분명 따분한 일일 텐데, 그렇다고 아무 음악이나 틀 수도 없기에 마음이 심란해지기 때문이다. 캠핑을 자주 하다 보니 이제는 사람들이 딱히 의식하지 않으면서도 즐길 수 있는 음악 리스트를 짜는 것이 일종의 목표가 되어버렸다. 옛날엔 알아주고, 같이 들어주길 바랐지만 이제는 아니다. 나의 의도대로 사람들의 대화가 무르익기도, 편안해지기도 하면 그만. 때로는 여행이나 산책을 떠올리게 하며 흐름을 잘 만들어내는 DJ라면 훌륭하지 않나, 하는 생각이다. DJ를 자원하는 이가 있다면 언제나 환영이다. 새로운 음악 세계에 대해 이야기를 나누는 건 정말로 즐거운 일이다.

캠프에서 듣기 좋은 앨범들

Alexi Murdoch - 《Time Without Consequence》
Eddie Vedder - 《Into The Wild》
Pascal Pinon - 《Twosomeness》
Stevie Wonder - 《Stevie At The Beach》
Scott Matthews - 《What The Night Delivers》
이민휘 - 《빌린 입》

캠핑이라는 공동체

셀카봉을 들고 소란 떨며 들어오는 손님들을 조용하게 앉아 시간 보내는 1층의 손님들이 방해받을까 2층으로 안내하는 카페 주인장의 행동. 그 태도가 너무나 자연스러워 나는 넋을 잃고 바라보았다.

'나는 언제쯤 저런 배려를 의식하지 않고 자연스레 몸으로 익힐 수 있을까.'

"나래 씨는 자신이 좋은 사람이라고 생각하시나요?"

누군가가 물었다.

"아뇨."

곰곰이 생각하고 대답했다.

스스로가 싫을 때가 있다. 365일 중 300일 정도가 싫다. 주변에 늘 무언가 배울 점이 있는 사람들을 곁에 둔다. 나은 사람이 되고 싶은 본능인 것 같다. 하지만 역설적이게도 그들을 보고 있으면 내가 부족한 사람이라는 생각이 더 확고히 든다. 이상한 순환이다.

캠핑은 내게 좀 더 나은 사람이 되고자 하는 훈련이다. 함께 집을 짓고, 식사를 준비하고, 자신이 할 수 있는 역할을 찾아서 서로 돕는다. 이것이 캠핑을 하기 위한 기본적인 마음가짐이고 또 자연히 그렇게 흘러갈 수밖에 없는 캠핑의 성질이다. 이러한 일련의 과정이 어렵거나 불편하거나 아무리 노력해도 재미가 없으면 캠핑을 지속하기 힘들 것이다. 그렇다고 해도 잘못된 것은 아니다. 캠핑이 자신에게 맞는 취미가 아닐 뿐이다.

나는 어찌 보면 이 성질이 잘 맞지 않는 유형의 사람이다. 좋아하는 취미 생활을 말해보라 하면 책 읽기, 글쓰기, 영화 보기, 공상하기, 서점 다니기, 친절하고 커피가 맛있는 카페에서 푹 쉬기, 영화제 다니기 등이며 이 모든 걸 혼자 하길 즐긴다. 누군가가 곁에 있으면 신경이 쓰여서 자꾸 수선을 떨게 되고 그래서인지 금세 피곤해진다. 그럼에도 나는 왜 캠핑과 자연에서의 공동체 생활을 지향하는가?

그게 '맞다'는 생각이 든다. '옳다'고. 인간이란 더불어 생활하도록 설계된 동물이라는 게 사실 정답인 것처럼. 그런 생각이 몸으로 든다. 그렇게 되고자 몸이 옳다고 믿는다. 내 몸과 마음은 종종 따로 움직이고, 자주 피곤하다.

그래도 머리보다 몸을 좀 더 신뢰하는 편이다. 몸이 먼저 반응하기에. 상냥하고 친절한 사람에게는 의도치 않게 몸을 기대게 되는 것처럼. 나를 그렇게 이끌어준 사람들, 그들이 이런 생각을 마음 깊숙이 심어준 것이다. '나 역시 그런 사람이 되고 싶다. 따뜻하고 다정하되 견고하고 단단한 사람.' 한 번의 캠핑이 끝나고 나면, 집에 돌아와 몸을 씻으며 그런 생각을 했던 것 같다. 나는 이번 캠핑에서 어떤 사람이었을까.

"나은 사람이 되고자 하는 생각 말야. 나는 그게 잘못되었다고 생각해. 꼭 나은 사람이 될 것 있어? 나는 나지. 더 나아질 필요 없다고. 우린 그런 강박에서 벗어나야 해."

한 친구가 말했다. 그에게는 누구보다 나은 사람, 훌륭한 사람, 착한 사람으로 살아가고자 노력했던 시절이 있었다. 세월이 그를 아프게 했다. 우리는 장대비가 내리는 해수욕장 백사장에 타프를 치고 그 아래에서 비를 맞기도 하고 몸을 말리기도 하며 이야기했다. 나은 사람이 되는 것이 과연 필요한 노력인지.

무례하게 구는 사람이 있다. 나는 노력한다고 생각하는데 어떤 사람들은 한없이 무례하게 굴 때가 있다. 그런 경험을 하다 보면 나의 노력과 의지가 힘을 잃고 기운은 바닥으로 추락한다.

마음을 내어 포용하다가 냉정하게 선을 그어 적당한 거리를 유지하는, 느슨하게 흘러가는 관계를 아직도 잘하지 못하겠다. 나는 그래서 계속 부딪히기 위해 캠핑을 간다. 사람들의 속을 들여다보기도 하고 갑작스레 생기는 문제에 맞닥뜨려보기도 하면서 희미해져 가는 나라는 사람의 윤곽을 조금이나마 선명하게 잡을 수 있도록.

"힘들게 열쇠 찾아 열었더니, 더 큰 문이 있더라."

친구가 말했다.

캠핑 공동체를 위한 마음 훈련법

좋은 사람이 되고 싶은 열망은 타인에 의해서 시작된다. 무례하게 굴던 시절, 인내심을 가지고 나를 기다리며 조건 없이 따뜻함을 베풀던 사람들로부터. 그때 얻은 고마움의 씨앗을 되돌려주는 것이 아니라, 또 새로운 사람에게 베풀며 온기는 퍼져나가는 듯하다. 나의 훈련은 지금도 계속된다. 스스로를 보살핀 힘으로 주위를 돌아보는 여유를 만들자.

파도 앞에서
눈을 감고

'호흡을 닻으로 삼아.'

다이어리 첫 장에 적어놓은 문구다. 감정이 요동치거나, 잠이 오지 않거나, 생각이 자꾸 과거나 미래에 머물 때 나는 이 문구를 떠올린다. 그리고 눈을 감고 잠시 시간을 갖는다. '들이쉰다, 내쉰다.' 머릿속으로 소리 내며 들숨, 날숨의 호흡에 집중한다. 다른 생각으로 빠진다면 '생각'이라는 단어를 떠올리고 또다시 호흡으로 돌아온다. 몇 번이고, 몇 번이고 호흡으로 돌아올 수 있다. 호흡을 닻 삼아 생각의 파도에서 의식을 길어 올린다.

내가 명상을 시작하게 된 건 나와 사건, 감정을 분리하기 위해서였다. 현실에서 일어난 사건, 내가 느끼는 감정과 스스로를 자꾸 일치시키는 행동이 나를 옭아맸다. 예를 들어 나쁜 일이 생기면 이 모든 게 내 문제에서 비롯되었다고 생각한다든지, 불현듯 감정이 치솟으면 그 감정이 곧 나라고 믿어버리는 식이다. '생선초밥을 먹다 간장을 흘렸다=난 역시 안될 놈' '열등의식을 느끼는 나=나는 열등감이 많은 사람' '그 사람에 호감이 간다=열렬히 사랑에 빠짐' 등등 일시적으로 지나갈 수 있는 사건, 감정임에도 나를 계속 규정하는 것이다. 이는 늘 무의식적으로 내 안에서 행해졌고 어린 시절을 잠식해 나갔다. 혹시 누군가가 "그 감정은 네가 아니야!" "너는 온전한 너 그 자체야!"라고 말해줬다면 내

성장은 조금 달리 흘러갔을까? 불완전한 청소년기의 그림자가 태풍 오는 날의 촛불처럼 흔들린다.

명상을 꾸준히 하면 감정과 생각을 관찰자의 시각에서 바라볼 수 있게 된다. 하늘에 흘러가는 구름을 두고 그저 '구름이 흘러가네' 하며 바라보듯이 사건과 감정도 나와 일정 거리를 두고 관조하는 습관을 들이게 된다. 그 습관은 여러모로 유용하다. 우선 사건과 감정은 곧 지나가리라는 확신이 생기고, 이는 나 스스로에 대한 신뢰로 이어진다. 며칠 뒤 평화로운 상태로 돌아올 것이고, 힘겨운 시간이겠지만 그 고통이 곧 나는 아니라는 생각을 갖는다. 고통은 왔다가 사라진다. 내게 물들지 않는다. '내가 지금 고통이라는 감정을 겪고 있네' '그 감정에 집착하고 있는 건 아닐까?'하고 의식하는 것만으로도 내게서 분리된다.

캠핑에서의 아침은 명상을 하기 가장 좋은 환경 중 하나다. 계곡이 흐르고 산새가 지저귀는 숲도 좋지만 역시 파도치는 바다가 좋다. 쉴 새 없이 부서지는 파도에서 몸과 정신을 건강하게 만드는 음이온이 나온다고 했던가. 그런 이유 때문인지, 기분 탓인지 파도가 몰아치는 해변에 앉아 명상을 하고 있으면 어느 때보다 정신이 맑고 개운하며 행복감이 밀려와 풍족한 기분으로 가득 찬다.

아침에 눈을 뜨자마자 텐트에서 나와 매트를 들고 백

사장으로 나간다. 세수도 양치질도, 커피 한 잔도 잠시 뒤로 미룬다. 물 한 방울 묻히지 않은, 의식이 여전히 몽롱한 그 상태에서 후드를 뒤집어쓴 채 바다를 마주하고 눈을 감는 행위가 좋다. 이른 아침의 해변은 한적하다. 몰아치는 파도 소리만 캠프를 가득 메운다. 누가 이곳에 나와 앉아 있는지, 무얼 하고 있는지 그 누구도 관심이 없다. 눈을 감고 파도 소리에 온 정신을 집중한다. 파도는 나의 생각, 감정과도 같다. 생겨났다가 다시 거대한 바다의 일부가 되어 사라진다. 속성이 같아서 그런지 마음이 편안해진다.

허리를 곧게 펴고 어깨를 활짝 연 채 몸에서는 힘을 뺀다. 호흡은 평소대로 편안하며 코와 입을 지나 몸을 타고 흐르는 감각을 느낀다. 신체의 어느 부분이 불편한지, 생각이 자꾸 고개를 들진 않는지 의식이 들 때면 그저 가만히 내버려 둔다. '여기가 불편하네' '끊임없이 생각이 드네' 하고 생각하며 있는 그대로 받아들인다. 생각을 틀려고 노력하지 않는다. 활짝 연 가슴처럼 모든 것을 수용한다. 그리고 막힘 없이 언제나 다시 돌아오는 파도처럼, 호흡으로 되돌아온다.

명상은 10분이면 충분하다. 하루의 긴 시간 중 10분의 아침 명상이 하루의 방향키를 올바르게 잡아준다. 명상으로 시작하는 하루와 그렇지 않은 하루는 극명하게 차이가 난다. 스스로에 대한 자애가 생기기 때문에 일상에서 공격받는 일이 생겨도 나를 우선으로 보호하게 된다. 또한 자꾸 생각이나 대상에 집착하는 버릇을 의식할 수 있기 때문에 사건과 감정에 끌려다니는 일을 줄이게 된다.

캠핑장에서 짧은 시간을 내어 명상을 시도해보는 건 어떨까. 자연 속에서의 좋은 기억이 일상에서도 꾸준한 습관으로 이어질 수 있다. 여럿이서 함께하는 시간도 좋다. 상쾌한 감각을 함께 공유하는 것만으로도 관계에 선한 영향을 끼친다. 요가를 하는 친구들과 해변에서 캠핑을 한 적이 있는데, 이른 아침 눈을 뜬 후 짧은 명상에 이어 요가를 했다. 요가를 하는 내내 백사장의 고르지 않은 지면 때문에 자꾸 우스꽝스러운 포즈가 만들어졌는데도 그 자체로 즐거웠다. 자연히 그날 하루를 알차게 보내리라는 마음을 먹었고 우리는 잊지 못할 기분 좋은 추억들을 가득 채웠다.

명상을 시작해보고 싶다면

부담감을 떨쳐내고 오늘부터 시작한다. 이른 아침도, 목욕 후 저녁도 좋다.

1 앱 사용을 추천한다. 나는 '캄Calm'이라는 명상 앱을 이용 중인데 매일 새로운 10분 명상 '데일리캄Daily Calm'을 구독할 수 있어 규칙적인 습관을 들이기에 좋다.

2 따뜻한 차 한잔, 어둡다면 양초나 랜턴을 준비한다. 몸과 마음을 편안하게 이완하고 차분한 분위기에서 몰두할 수 있는 환경을 만든다.

3 캠핑장에 도착하면 혼자만의 시간을 가질 수 있는 공간을 알아둔다. 분위기에 휩쓸리지 않고 몸과 마음을 견고하게 만들 수 있는 캠핑을 계획해본다.

손때 묻은 책을 쥐고

고백하자면, 나는 글로, 만화로, 영화로 산을 배웠다. 지금도 입으로, 펜으로 산을 오를 때가 많다. 옛날에는 이런 내가 부끄러웠는데 지금은 그렇지 않다. 산에 관한 좋은 작품은 언제나 산을 다시 찾도록 동기를 부여하고, 산행을 마치고 돌아와서 기록을 꾸준히 남기고자 하는 마음의 자극제가 되어준다.

설악산국립공원 재난안전과에서 짧은 시간 인턴을 한 적이 있다. 사실 그 경험을 계기로 산에서의 재난과 구조 · 구급에 관련한 일을 직업으로 삼고 싶었다. 기회는 좀처럼 찾아오지 않았으나 여전히 재난안전과, 산악구조대의 숭고한 업무에 경외심을 가지며 흠모한다.

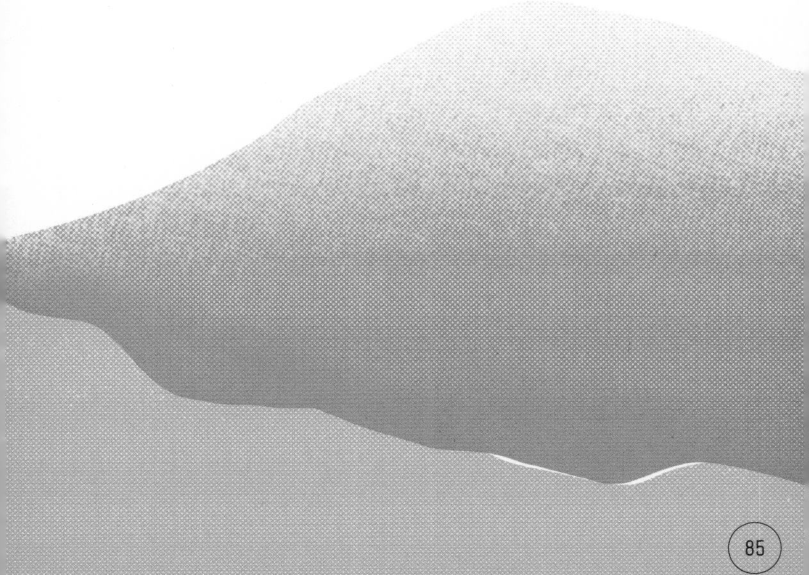

재난안전과에 지원하게 된 것은 이시즈카 신이치의 만화《산》(원제:《악岳, 모두의 산》)과 영화화되어 배우 나가사와 마사미, 오구리 슌이 주연으로 나온 동명의 영화를 보고 난 이후다. 이 작품은 일본 북알프스를 배경으로 하는 산악조난방지대책협회 구조대원들의 이야기다. 주인공 시마자키 산포를 중심으로 벌어지는 산악구조대의 활약을 그린다. 이와 함께 다양한 인물들의 산악 사고를 보여주면서 알피니즘, 휴머니즘에 관한 서사를 감동적으로 펼쳐낸다.

책을 통해서, 산을 오래 다닌 산꾼들을 통해서 배운 것이 있다면 겸손함과 유머 감각이다. 등반 실력을 가늠할 수 없을 만큼 자신을 드러내지 않고 엉뚱하며 몹시 두려운 상황에도 농담과 웃음을 잃지 않는다. 나는 그런 존재들이 좋았다. 죽음에 초연해 보이지만 늘 살아서 돌아가려는 의지로 충만하고 정상에 오르려는 욕망보다는 산에서의 추억이라면 그저 행복해하는 사람들.《산》은 생명의 소중함을 전함과 동시에 어떤 기억을 남겼더라도 결국엔 또다시 산을 찾게 되는 순수한 사람들에 대한 이야기다.

산과 산에 드는 사람에 대한 예절을 배운 작품이《산》이라면, 등반 역사와 오르고자 하는 등반가의 집념과 열망을 배운 작품은《신들의 봉우리》다. 히말라야 등반사 최대의 미스터리로 남은, 정상을 200여m 남기고 실종된 1924년

영국의 에베레스트 원정대원 조지 맬러리와 앤드류 어빈의 에베레스트 초등 논란을 주축으로 전개되는 이야기다. 작품은 극중 인물인 1993년 일본 에베레스트 원정대의 사진작가 후카마치 마코토가 카트만두의 한 등산용품점에서 맬러리의 것으로 추정되는 코닥 카메라를 발견하며 시작된다. 구상에서 집필까지 20여 년이 걸렸다는 유메마쿠라 바쿠의 동명 소설이 원작이다.

작품에서 등장하는 히말라야 산맥과 훈련을 위해 묘사된 일본산의 암벽이 너무나도 섬세해 그 고도감과 두려움, 외로움을 고스란히 느낄 수 있다. 무엇보다 추위와 고통에 맞서 처절한 환경을 이겨내는 주인공 하부 조지의 정신력, 의지, 삶을 통째로 오르는 행위에만 집중하는 태도를 통해 인간의 산을 향한 뜨거운 열망을 간접적으로 체험하게 된다.

나는 이 작품을 한창 산에 열심히 다니기 위해 체력을 키우고 협동심을 배우던 시절에 만났다. 훈련으로 범벅된 일상 속에서 작품에 흐르는 엄숙함과 산을 향한 태도, 체력을 능가하는 의지, 등반가로서 가져야 하는 마음가짐과 어떤 상황에도 글을 쓰는 기록의 중요성을 배웠다. 가장 좋아하는 챕터는 2권 중 제10화 〈하부 조지의 수기〉다. 알프스 그랑조라스 등반 중에 쓴 수기로, 추락과 동상, 죽음을 넘나들며 의식을 찾기 위해 꾹꾹이 써 내려 간 하부의 글이다. 나는 아직도 텐트 속에서 추위와 바람 소리에 잠들지 못하는 밤이면, 이 수기의 구절들을 떠올린다. 그리고 그를 따라 수첩과 펜을 꺼내 의식에 따라 글을 쓴다. 글을 쓰면 생각을 하지 않을 수 있다. 내 안의 두려움을 솔직하게 마주하면 마음이 평온으로 가라앉는다.

12월의 마지막 날, 눈이 무릎까지 쌓인 지리산을 걷다가 세석대피소에서 하룻밤 자던 날이 있었다. 용산에서 새벽 기차를 타고 구례구역으로 와 새벽 4시 성삼재에서 출발해 12시간 눈길을 걸은 터라 컨디션이 좋지 않았다. 아이젠과 방수 재킷을 벗고 대피소로 들어가서 몸을 녹이는데 눈에 들어온 것이 있었다. 바로 책꽂이였다. 그곳에는 사람들의 손때가 묻은 산악 서적과 잡지들이 꽂혀 있었다. 그 책등을 보는데 눈물이 핑 돌고 뜨거운 것이 가슴에서 솟구쳤다. 무엇이 사람을 산에까지 이끌고 또 이를 기록하는 사람은 무엇을 그토록 기리는가.

"안녕하세요." "정말 애쓰셨어요."

산에서 서로의 안전한 등반을 위하여 오늘도 인사를 건넨다. 서로의 무탈한 등반과 하산을 마음속으로 염원한다. 그리고 무슨 일이 벌어지더라도, 또다시 산을 찾게 된다. 그 산을 향한 알 수 없는 고집과 열망을 무어라고 이름 붙일 수 있을까.

만화만큼 좋은 산 영화

1 <산, 모두의 산>(2011)
2 <봄을 짊어지고>(2014)
3 <티벳에서의 7년>(1997)
4 <우드잡>(2014)
5 <알피니스트 - 어느 카메라맨의 고백>(2016)

무릎부터 닮는다

강원도 인제의 한 캠핑장에서 캠핑을 하던 중 화장실에 다녀오다가 커다란 나무를 한 그루 보았다. 나무껍질이 세로로 갈라지고 가지가 구불구불 사방으로 퍼져 분명 참나뭇과 나무인데, 잎을 보니 얇은 타원형으로 나 있어 상수리나무 아니면 밤나무일 터였다. 잎이 물방울이나 달걀 모양처럼 생겼으면 신갈나무, 떡갈나무, 졸참나무, 갈참나무 등의 참나무속 친구들이다. 비가 많이 내리고 있어 잎을 더 자세히 살펴볼 여유가 없었다. 상수리나무 아니면 밤나무, 그쯤으로 결정 내리고 다시 후다닥 캠프로 돌아갔다.

궁금증이 다시 발동한 건, 캠프 구성원 중 한 명이 다시 나무 얘기를 꺼냈을 때다. 우리는 아까 그 나무와 같은 나무 아래에서 비를 피해 앉아 있었다.

"이 나무, 밤나무 아니야? 우리 여기 앉아 있다가 밤 떨어져 머리 맞겠는데?"

이제 확실히 답을 내려야 할 때다. 나무 도감을 꺼내 들었다. 그리고 잎을 다시 살펴보았다. 도감에는 상수리나무와 밤나무의 구별법이 이렇게 적혀 있었다.

톱니가 실처럼 가늘고 노란색이다 → 상수리나무

톱니가 상대적으로 두툼하며 녹색이다 → 밤나무

잎의 가장자리를 톱니라고 부르는데, 상수리나무는 이것이 노란색이고 실처럼 가늘게 바늘형으로 생겼다. 밤나무는 상수리나무에 비해 톱니가 덜 뾰족하고 녹색이다. 나무의 잎을 잡고선 가만히 바라보니 가장자리가 바늘처럼 뾰족뾰족하고 노랑을 띠었다. 상수리나무였다. 주위를 돌아보

니 근처에는 밤나무가 많이 있었다. 친구는 상수리나무 가지가 옆의 밤나무 가지와 섞여있어 헷갈렸던 것이다.

이 나무가 상수리나무고, 밤나무와 그리고 다른 참나무들과 어떻게 구별하는지 캠프에 모인 친구들에게 알려주었다. 그중에 꼬마 친구도 있었는데, 캠프가 끝날 때까지 이 친구는 참나무의 이름들을 달달 외웠다.

캠프를 설치하는 곳은 대부분 자연 한가운데다. 산, 바다, 계곡, 어디서든 캠핑을 즐긴다면 언제나 식물을 관찰할 수 있는 기회가 주어진다. 매주 캠핑을 떠날 때마다 식물 하나씩만 알아가더라도 1년이면 약 50개를 알 수 있게 된다. 처음에는 식물이 너무 많게 느껴지지만 조금만 관심을 갖게 되면 어떤 식물이든 '마땅히 있어야 할 곳에 있다'는 새삼스러운 사실을 알게 된다. 저마다 사는 곳이 대체로 정해져 있기 때문이다. 이를테면 바닷가에는 바람을 막아주는 키 작은 소나무인 곰솔이 있고, 산속의 계곡에는 물을 좋아하는 나무들인 버드나무, 물푸레나무 등이 있을 것이다. 강원도의 높은 해발고도에 자리한 캠핑장에는 공해에 취약해 수도권에서 보기 힘든 물박달나무, 사스래나무와 같은 나무가 있고 낙엽을 가득 떨어뜨리는 신갈나무 군락 아래에는 철쭉, 당단풍나무와 같은 키 작은 나무들이, 또 그 아래에는 사시사철 작은 들꽃들이 피어나 풍성하고 다채로운 숲의 모습을 자아낸다.

같은 캠핑장을 계절이 바뀔 때마다 방문해 그곳의 식생이 어떻게 변모하는지 관찰하는 일도 재미있다. 겨울눈과 수피만으로 나무를 식별하는 겨울을 지나 새순이 돋고 진달래가 분홍 꽃을 피우기 시작하는 봄, 뜨겁고 맹렬한 햇빛 아래 두터운 녹색 잎이 무성해지는 여름, 아름다운 유화처럼 붉고 노란색으로 단풍이 드는 가을까지. 같은 공간이더라도 시시각각 달라지는 캠프의 모습을 마주하는 일은 늘 새로워서 즐겁다.

관찰은 관심에서 비롯된다는 생각이 든다. 계절마다 잠깐씩 피었다가 지는 소중한 야생화들도 관심이 없는 이에게는 그저 잡초에 불과하다. 사시사철 푸른 나무들이 소나무인지, 잣나무인지 궁금하지 않은 이에게는 나무의 제대로 된 이름을 불러주는 일이 중요하지 않다. 조금만 관심을 갖고 세상을 둘러보면 내가 알던 기존의 좁은 세상에서 시야가 확 트이는 경험을 하게 된다. 관심은 곧 사랑이고, 작은 것들을 사랑하게 되면 비로소 마음이 가득 찬다.

식물을 공부하는 사람은 무릎부터 닳는다는 말이 있다. 작고 여린 존재들을 낮은 마음으로 관찰하다 보면 늘 목이 굽고 무릎이 아프다. 작은 돋보기인 '루페'로 식물의 세상을 바라보면 그 작디작아 보였던 세계가 무궁무진하고 복잡하게 얽혀 있다는 것을 깨닫게 된다. 숨을 참고 작은 세상들에 빠져 있다가 다시 집으로 돌아갈 때, 문득 버스에서 차창 밖으로 바라본 세상이 경이롭게 느껴졌던 적이 있다. '이 세상은 얼마나 알 수 없고 복잡한 것들로 이루어져 있는가.' 그렇게 이 세상을 살아볼 이유가 하나 더 생겨나게 됐다.

캠핑장 산책

1 텐트에 있다가 하루에 서너 번은 캠핑장 주변을 산책할 일이 있을 것이다. 산책하며 가까이 있는 주변의 식물을 자세히 바라보자.
2 언제 어디서 식물을 만나게 될지 모르니 작은 도감을 준비해 놓는 것이 좋다.
3 캠핑장의 지리적인 위치, 꽃과 잎, 줄기의 생김새를 고려해 식물을 동정한다.
4 도무지 모르겠다면 식물 검색 애플리케이션 '모야모moyamo'에 물어본다.
5 새로 알게 된 식물을 도감에 표시해놓거나 기록한 후 반복해서 본다.

이 비가 그치지 않기를

비 내리는 날에는 웅크린 상태에서 잠이 깬다. 공기가 가라앉거나 축축한 느낌이 밖에서부터 침낭 안까지 스민다. 아삭아삭한 침낭의 감촉을 느끼기 위해 바로 일어나지 않고 눈을 감은 채 몸을 타원형으로 계속 말아 뒤척인다. 안전한 침낭 속, 안전한 텐트 속이라는 사실을 온몸으로 감각하려 한다.

눈을 반쯤 떠 시가렛 애프터 섹스Cigarettes After Sex의 곡을 재생한다. 스트리밍 서비스 '스포티파이'를 무료로 이용하기 때문에 노래는 선택할 수 없고 해당 뮤지션의 곡이 랜덤으로 나온다. 이왕이면 〈K.〉였으면 좋겠다. 그 곡이 나와라. 이렇게 생각하면서 시가렛 애프터 섹스를 틀면 대부분 〈K.〉가 나왔다. 비가 오면 하루를 시작하며 꼭 이 곡을 듣는다. 한 치의 망설임 없는 플레이.

BA NG

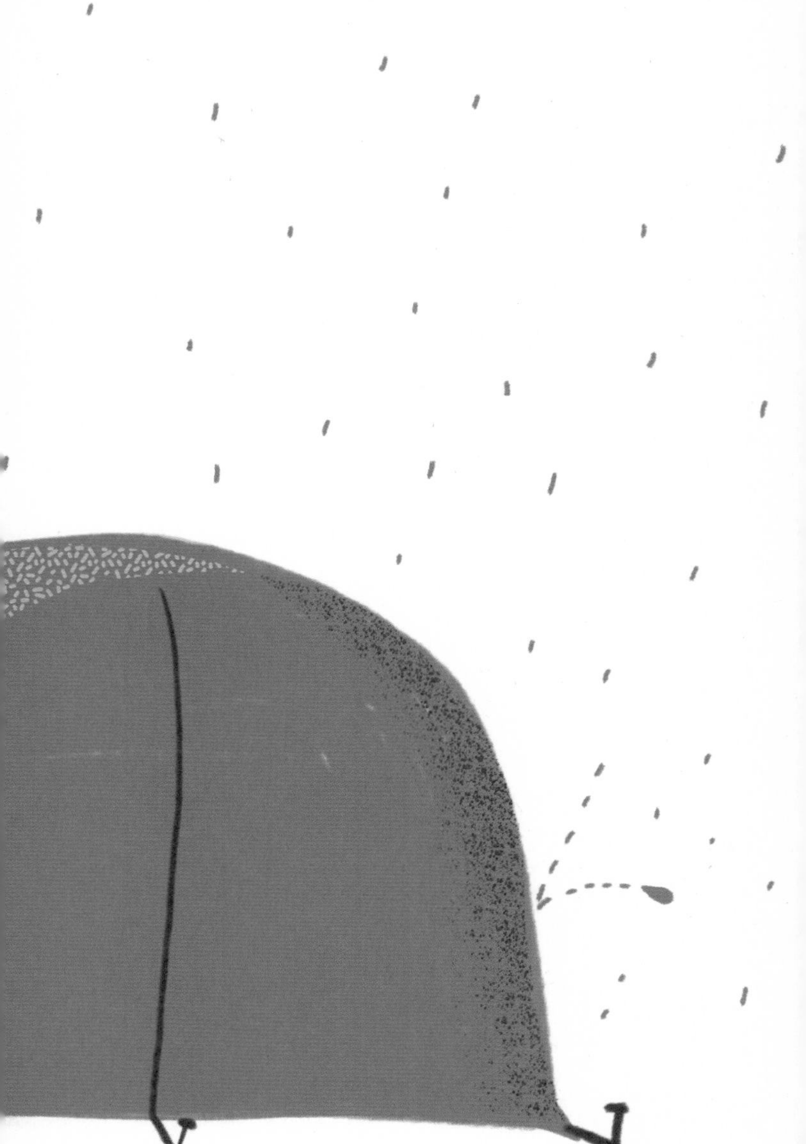

곡의 시작을 알리며 반복되는 기타 리프는 그 톤이 몹시 차갑고 건조해서 여름인데도 텐트 밖에 눈발이 흩날리는 듯한 기분까지 느껴진다. 반쯤 감긴 나의 눈처럼 몽롱하고 따듯한 음색의 보컬이 차분히 내려앉는다. 텐트 속에 부력이 존재해서 마치 공중에 떠 있는 것 같다. 끈적끈적하고 온기 어린 물질에 둘러싸인 채 나는 유영한다.

해가 뜰 기미가 보이지 않는다. 닭은 진즉에 울었던 것 같은데. 텐트 위에 후드득 바람을 타고 쏟아지는 빗소리가 끝없이 이어진다. 분명 회색빛으로 음울하게 몰아치고 있을 거대한 파도의 소리도 멀리서 아득히 들려온다.

몸을 일으켜 침낭에서 벗어나 축축해진 텐트 문을 열어젖힌다. 졸음에 전 눈과 머리칼을 그대로 방치한 채 타프 아래로 기어간다. 언제나 그렇듯 캠프에서는 눈을 뜨면 커피를 내린다. 졸음이 섞인 커피를 마시며 깨지 않고 몸의 취기를 이어간다. 흐느적댄다.

타프 아래로 차가운 비를 머금은 바람이 불어온다. 어깨와 다리가 젖었다가 또 금세 마르기를 반복한다. 이 축축함. 비가 내리는 해수욕장의 이른 아침. 이곳을 부지런하게 찾는 이는 많지 않다. 파도 소리가 대화를 집어삼킨다.

우리는 가만히 앉아 파도를 바라보다, 모래사장에 발

을 집어넣었다, 뺐다 무의미한 발장난을 치다, 그저 벌린 입에서 흘러나오는 소리를 해댄다. 그러면 또 거기에 대답을 해준다. 커피가 식기 전에 계속해서 주전자에 물을 끓인다. 뜨거운 컵을 다리 사이에 쥐고 있으면 몸이 따뜻해진다. 그 물을 마시고, 또다시 끓이고, 우리의 대화는 이어지고.

내리는 비를 바라보며 걱정 어린 표정을 짓지만 나는 내심 기쁘다. 이 비가 그치지 않길 기도한다. 그럼 나는 이내 슬그머니 다시 텐트 속으로, 침낭 속으로 들어가 꿈결인지 현실인지 분간이 안 되는 그 순간을 만끽한다. 머리맡의 책을 열어 한두 문장을 읽다가, 노트를 펴 좀 끼적여보기도 하다가, 다시 잠이 든다. 나는 문장 속에서 잠이 드는 행동이 좋다. 정작 그 문장은 어떤 의미가 없기도 하다. 그저 그 사이에서 잠드는, 그 순간과 나의 모습이 좋다.

비 오는 캠프에서 마시기 좋은 차

1 **떼오도르 - J.E. 우롱 밀키**
부드러운 우유 향이 곁들어져 깔끔하되 진한 향미를 느낄 수 있는 우롱차.

2 **믈레즈나 - 크림 얼그레이 홍차**
캐러멜, 베르가못이 더해져 달콤하고 향긋한 풍미가 좋은 홍차.

3 **로네펠트 - 루이보스바닐라**
루이보스는 언제, 얼마나 마셔도 무해해서 좋다.

4 **쿠스미티 - 아쿠아로사**
레드베리, 블랙베리, 사과 등이 더해진 기분이 상쾌해지는 히비스커스 블렌드 차.

그 밤, 고요하고 뜨거운

더운 날씨도 그만의 매력이 있지만, 찬 바람이 매섭게 불기 시작하면 비로소 나는 안도한다. 손끝, 발끝이 시린 기분이 좋다. 양말을 신는다. 난로를 피운다. 커튼을 치고 물을 끓인다. 추위를 맞서지 않고 받아들인다. 차라리 그 차디찬 공기에 어우러진다. 언제까지고 추울 수 있을 것 같다, 언제까지고.

그저 겨울이라면. 찬 바람이 가슴을 훅 뚫고 들어오면 나는 알 수 없는 곳으로부터 향수를 느낀다. 회색의 도시도 좋고, 쾌청한 숲속도 좋다. 한 번도 살아본 적 없는 나라, 한 번도 가본 적도, 본 적도, 들은 적도 없는 세상으로부터 그리움이 샘솟는다. 그리고, 운다. 그곳으로 돌아가기 위해 내 마음은 안간힘을 쓴다. 아무래도 내가 열심히 살아가는 것은 그곳으로 영영 돌아갈 수 없기에 그 황망한 슬픔을 잊기 위해서일지 모른다. 내 심연에는 큰 영토와 차가운 바다, 호수를 가진 나라가 있다. 바로 그것이 현재 강원도 동쪽 지방에 살고 종종 캠핑을 나가게 하는 근원이 된다. 페르난두 페소아는 《불안의 서》에서 '내 느낌의 휴가를 떠난다'고 했다. 감각을 재료로 그 자신만의 풍경을 그린다는 것.

어둡고, 으스스하고, 춥고, 두려워서 공포스럽기까지 한 존재들을 사랑한다. 그런 상황을, 그런 모든 것을. 언젠가는 아무도 모르는 깊은 숲속에 작은 집을 짓고 한평생 은밀하게 머물며 몸을 웅크리고 살고 싶다. 거기서 나만의 행복을 찾고 싶다. 조금은 이상하고 괴기하지만 누구도 침범할 수 없는, 나만의 소박하고 행복한 상상.

알고 보면 겨울은 따뜻함의 계절이다. 텐트 속에 있으면 추위와의 어우러짐은 더욱 행복하다. 숨을 들이쉬고 내쉴 때마다 찬 공기가 깊숙이 들어오고 뜨거운 열기가 나간다. 쉴 틈 없이 온기와 수분을 앗아가는 겨울 바람에 계속해서 물을 끓여야 하고 난로 앞을 지켜야 한다. 추위와 바람 소리에 잠 못 이루는 새벽이면, 침낭에서 나와 주전자에 물을 가득 끓인다. 그러고는 뜨거운 물도 담을 수 있는 1L짜리 날진Nalgene 물통에 물을 끝까지 채워서 들고 다시 잠자리로 돌아온다. 물통을 꼭 끌어안으면 가슴부터 시작된 열기가 침낭을 가득 채운다. 발이 시릴 때면 침낭 발 쪽에 물통을 두고 두꺼운 울 양말 두 겹 신은 발을 비빈다.

친한 사람들과 불을 가운데 두고 이런저런 이야기를 던지는 시간도 좋아한다. 고요하고 뜨거워서 영묘하기까지 한 그 시간에, 어떤 주제도 상관없이 다양한 이야기를 넘나들며 속닥인다. 질 좋은 참나무 장작은 금세 타 없어지지 않고 투명하게 속이 보이는 맑은 붉은색이 되어 보석처럼 반짝거린다. 그 반짝거림을 보고 있으면 그저 모든 것이 용서되는 순간이 온다. 다 괜찮다는 무언의 위로가, 불로부터 흘러나오는 것이다. 눈과 코가 따뜻해지고 몸은 건조해져 바싹, 볕에 소독을 하는 기분이 든다. 가슴에 묵은 때가 살균되어 소멸한다.

바람이 몹시 차다. 거세게 불어온다. 머리칼이 정돈할 수 없을 만큼 휘날리고 눈에서는 눈물이 날 지경이다. 그러나 하늘은 아주 맑다. 쾌청해서 별이 반짝거린다. 바람 소리가 거인의 괴성처럼 웅장하게 공명한다. 이따금 텐트를 집어삼킬 것 같은 돌풍이 불어 텐트 속 물건들이 불안하게 흔들린다. 잠을 청하기 위해 재킷을 목까지 올리고 침낭 속으로 깊이 들어간다. 잠이 금세 올 리 없다. 나는 신호등의 불빛이 초록으로 바뀌자 횡단보도를 건너는 아이를 떠올린다.

자동차들은 그를 기다려준다. 세상이 이토록 약속된 것으로 이루어져 있다는 것에 안도하며 잠을 청한다.

이곳은 안전할 것이고, 두려운 날에도 내 마음만은 평온하다.

나의 겨울 음료

커피도, 홍차도 좋지만 겨울의 나는 짜이를 택한다. 한 번도 인도에 가본 적이 없다. 짜이를 끓이며, 마시며, 그 향을 코끝에 느끼며 그곳을 상상한다. 단 한 번의 눈감음으로 그곳을 여행한다. 멀리, 멀리 다녀온다.
그런가하면, 럼 베이스의 칵테일 다이키리는 내게 순간 여행을 가져다주는 또 다른 음료다. 다이키리 한 잔은 머나먼 여정의 길에 나를 올려 준다. 칵테일 가까이 다가섰을 때 얼굴 한가득 올라오는 럼과 라임 주스의 이국적 향취는 이곳에서 지구 반대편 섬나라의 뒷골목 분위기까지 떠올리게 하는 것이다.

짜이 만들기

1 우유에 물과 설탕을 넣고 팔팔 끓인 뒤 강렬한 아삼 티를 넣고 진하게 우려낸다.
2 카다멈과 팔각, 정향, 생강 등 달콤쌉싸름한 향신료들을 적당히 넣고, 기분이 좋아질 만한 향이 올라올 때까지 짜이를 젓는다.

다이키리 만들기

1 화이트 럼, 신선한 라임 주스, 설탕시럽, 얼음을 열심히 셰이킹한다.
2 셰이킹한 것을 마티니 잔에 가득 부은 뒤 라임 껍질로 장식한다.

나가며
기록하는 마음

이 책을 만들면서 과거의 사진들, 산행일지를 뒤적였다. 그때는 몰랐던 수많은 사람으로부터 받은 도움, 나의 진짜 웃음, 무한한 삶의 가능성을 마주했다. 왜 늘 시간이 지나고서야 깨닫는 걸까. 그러나 그때 함부로 확신해버려서, '이제 정말 난 끝이야.'라고 생각했기에 전투적으로 즐겁게 살아버린 것 같기도 하다.

지나간 기억의 왜곡을 마주하고 싶다면, 과거에 대한 오해를 풀고 싶다면 옛 기록들을 훑어보는 방법을 추천한다. 당당했던 기억으로 남은 내 모습이 사진으로 봤을 때 잔뜩 긴장하여 부자연스러운 표정으로 남아있고 힘들고 괴로워 엉망으로 여기던 시절이 너무나도 아름답고 자유로워 보인다. 누군가에게 찍힌 과거의 내 모습이, 진솔하게 힘주어 눌러쓴 문장들이 거짓말을 하지 못한 채 박제되어있다.

글쓰기는 '배설'의 기능이 있다고 생각한다. 산행일지는 가장 그에 가깝게 썼다. 크고 작은 계획부터 실제 일어난 일, 당시의 감정, 돌아와서의 기분과 느낌까지 그 모든 것을 쏟아냈기 때문이다. 일지가 두꺼워질수록 잊고 있던 산행의 추억과 변화한 오늘의 내 모습을 볼 수 있다. 참 좋은 건 과거의 내게서 배우는 순간이다. 내가 얼마나 훌륭한 사람이었는지 우리는 종종 잊고 살아간다.

끝으로, 제멋대로 굴었는데 늘 잘 대해준 사람들에게. 고맙고 미안합니다.

2017

RI

등반의

지은이

옮긴이

펴낸이

펴낸곳 하루재 클럽

주소 (우) 06524 서울특별시 서초구 나루터로 15길 6(잠원동) 신사 제2빌딩 702호

전화 02-521-0067

팩스 02-565-3586

홈페이지 www.haroojae.co.kr

이메일 book@haroojae.co.kr

비매품. 하루재 북클럽 회원 전용

5 화 호우주의보

밤 코스를 고민하다 성우는 잠들고 나는 지도를 펴고 다시
살폈다. 처음으로 혼자가는 설악에서 성우가 살펴주지않자
서운한 마음이 들었다. 그러나 결국 다 혼자만의 행동이고
해내야 함을 알기에 금세 코스를 선택하고 잠이 들었다.
에서 공룡능선을 타고 다시 희운각으로 내려오려 했는데
행에 무리하면 시간이 오래 걸릴 것 같아 희운각에서 다시
는 코스를 선택했다. 새벽 6시쯤 편의점에서 김밥,
방울토마토, 에너지바, 젤리 등을 사서 챙기고 삼각김밥을
7번 버스를 탔다. 여기서부터 기분이 이상해졌다.
내면 속으로 들어간다고 해야하나, 그리 어린시절 속으로
행을 한다고 해야할까, 배낭을 메고 등산화와 장비를
채 설악으로 향하는 성우가 보였다. 나는 글썽였다.
아크테릭스 재킷, 노스페이스 오자를 빌려줬다.
성우가 내게 알려준 설악. '이곳 저곳 고마워.
눈물 짓지는 않을게' 라는 기록했다.
에 내려 국립공원 탐방 안내소로 걸어 들어갔다.
비 같은 반달가슴곰 조형물이 보이고, 신흥사로 향하는
이끼가 많았다. 길이 촉촉했다. 이 때까지만 해도
뒤어온 기분이었다. 긍정적 기운이 감돌아 앞으로
해나갈지, 성우와 나는 어떨지, 좋은 생각, 계획들이
수 없이 쏟아졌다. 그런데 신흥사를 지나 비선대에
자 급격히 기분이 좋지 않았다. 비가 많이 내리기

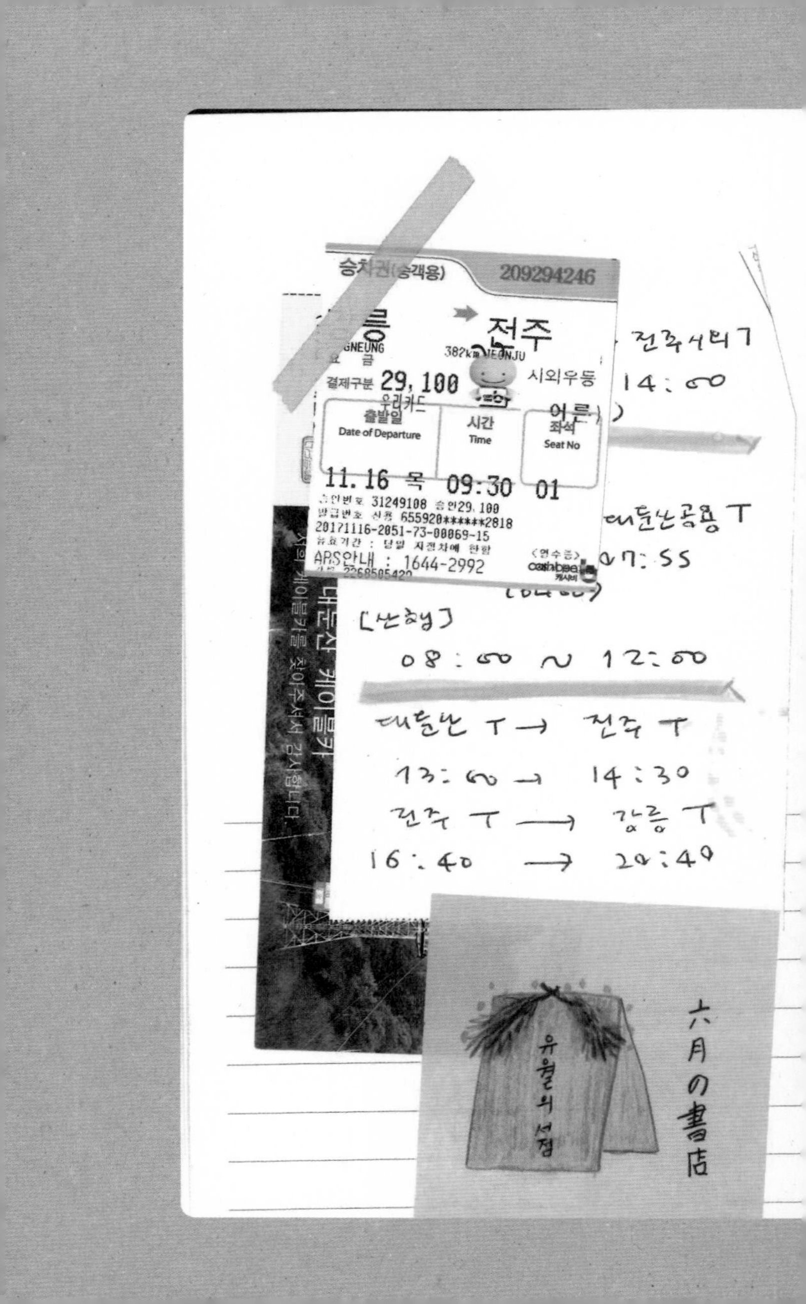

승차권(승객용) 209294246
전주
382km JEONJU
요금
결제구분 29,100 시외우등
우리카드
출발일 Date of Departure
시간 Time
좌석 Seat No
11.16 목 09:30 01
승인번호 31249108 승인29,100
발급번호 신용 655920******2818
20171116-2051-73-00069-15
유효기간 : 당일 지정차에 한함
ARS안내 : 1644-2992
(영수증)
cashbee 캐시비
14:00
대둔산공용T
07:55
[산행]
08:00 ~ 12:00
대둔산 T → 전주 T
13:00 → 14:30
전주 T → 강릉 T
16:40 → 20:40
대둔산 케이블카
케이블카를 찾아주셔서 감사합니다
유월의 서점
六月の書店

Provincial Park

2017. 11. 10 금

진부면 → 진고개 → 노인봉 → 소금강

기억과 망각을 상상력이라 부른다, 는 보르헤스의 말이
자꾸 떠오르는 산행이었다. 김정주의 문장을 곁에
두고 싶다는 마음도.. 진고개 탐방 지원센터에 택시를
내렸을 때 이미 돌아가고 싶은 마음이 들 정도로
바람이 거셌다. 택시 아저씨가 괜히 잔소리를 한 게
아닌 것이다. 하필 강풍주의보. 주의보, 주의보. 호우
주의보, 강풍주의보. 몇 번 하지 않은 산행에서,
나는 매번 새로운 상황에 직면하게 된다. 아기
무슨 행운일까..? 여간 진고개에서 노인봉을
오르는 시간, 온갖 가지 생각이 다 들었다. 죽음과
같은 것들이 있고, 아무튼 머리 위에 (1시간가량
헬기가 빙빙 도는 기분이었다. 가장 두려웠던 건
소리, 소리, 소리.. ㄴㄱㄷ도 거저 음악을 들을 수
없는 노릇. 나중엔 귀를 손으로 막는 요령을 쓰고
아직도, (집에 돌아와 새벽 두 시경, 침대에서)
그 오르막을 떠올리면 암담한 기분이 든다.
'바람이 사람을 죽음으로 내몰기도 하는구나'
'낙엽이 뺨을 가장 많이 맞은 날'
'모자를 앗아간 건 고작 아기 바람이었어'

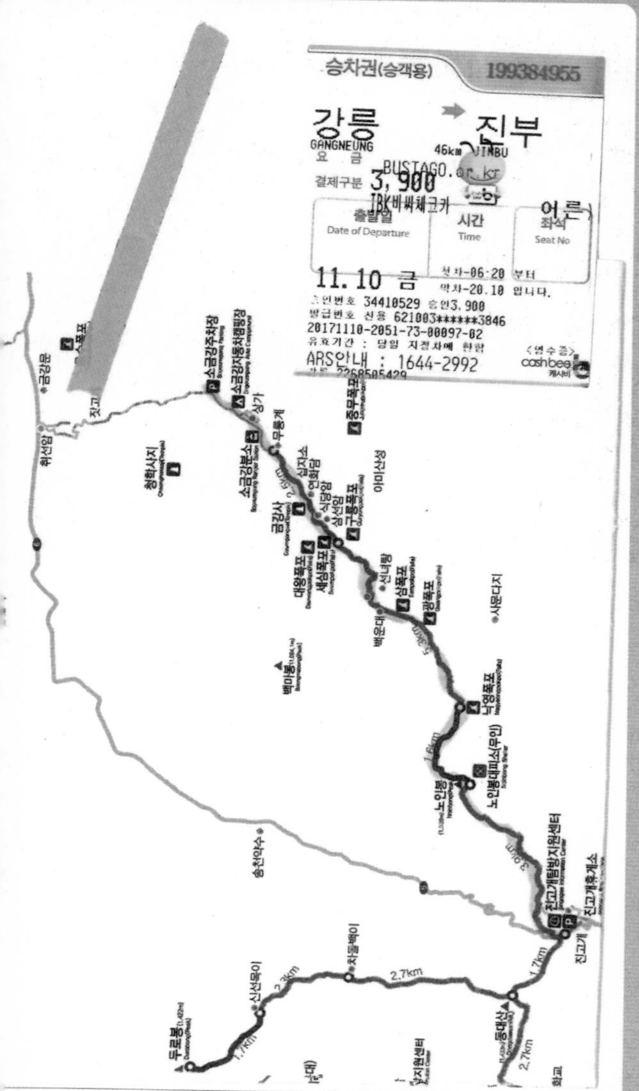

승차권(승객용)
199384955
강릉
진부
GANGNEUNG
46km
JINBU
요 금
BUSTAGO.or.kr
결제구분
3,900
IBK비씨체크카
어른
출발일
Date of Departure
시간
Time
좌석
Seat No
11. 10 금
첫차-06:20 부터
막차-20.10 입니다.
승인번호 34410529 승인3,900
발급번호 신용 621003******3846
20171110-2051-73-00097-02
유효기간 : 당일 지정차에 한함
ARS안내 : 1644-2992
<영수증>
cashbee
캐시비
소금강주차장
소금강자동차야영장
소금강분소
금강사
구룡폭포
아미산성
식당암
연화담
세심폭포
대왕폭포
선녀탕
삼폭포
광폭포
백운대
사문다지
백마봉
낙영폭포
노인봉대피소(무인)
노인봉
진고개탐방지원센터
진고개휴게소
진고개
송천약수
청학사지
금강문
취선암
차돌백이
신선목이
두로봉
동대산
1.6km
3.9km
1.7km
2.7km

10月 17日 SUN
A.M 5:28

눈 떠서 누룽지로 아침을 챙겨먹고
화장실 가는 겸 밖을 한번 돌아보고
출발시간이 한시간 늦추어졌다고 해
다행히 지난 밤을 기록한다.
지난 밤, 이른 시간에 누워 무언가를
쓸 수 없었지만 쓰고 싶었다.
피곤하지도 않았지만
침낭에 체온이 익숙해지기까지
그 전까지 추웠고, 웅크렸다.
웅크리다 패딩을 다시 껴입고
따뜻함을 느낄 무렵 비바람이 시작됐다.
밤이 깊어지자
바람이 점점 거세어졌다.
사람들의 불빛도 없다.

Yokoo 산장.

바람과, 계곡소리는 무언가를 새롭게
하기에 두려움에 떨게 했다.
램프를 켜서 메모지를 꺼내 글을 끄적이거나
신발을 신고 화장실에 간다거나
목이 갈라져 건조해도 물을 마시려 몸을
일으키기조차 두렵게 했다.
그렇게 얼마간 지났을까
돌이 부서지는 소리가 들렸다.
다른 이들도 들었을까.
들었더라면, 묵언으로 모두가 두려워했음이
틀림없을 만큼 공포에 떨게 하는 소리였다.
우두두두.."
신들의 분노가 떠올랐고,
두려웠다.

10月 6日 AM 7:02

하치오지를 지난다.

시절, 하치오지.

울지 않는 노력.

냄새

추위

공기

먼지

기억.

을 타고 거스르는 시절.

자기 마다의 색을 드러낸 일본사람들의

옷차림을 보며,

~~[illegible]~~

화분이 테라스에 놓여있는

칸코논의 빨래들을 바라보며

시절을 추억한다.

6:30 Shinjuku
→ Kamikochi
(Mast Matsumoto)

일본도, 시절에 따라 다르다.
누군er 함께 하는지도.

그가 보고싶다.
산을 고스란히 닮은 그가.
이끼 같은
돌에 앉은 이끼같은
아주 커다란
넓은 그가.

맛있는 것도, 느낌 좋은 것도,
소박한 기쁨과 감정
모두 그를 닮았다.

지난밤, 거의 잠을 이루지 못했다.
기차에서 잠을 청해보려 하지만
카페인을 마신 듯 또렷하다.
긴장인지, 그리움인지
알 길이 없다..

관광곤돌라
MontBlanc
몽블랑
블루캐니언
웰니스 숲길
포레스트 캠핑 BBQ
야외 라이브 공연